詹姆斯·伯克科学文明三部曲

轮 回

知识好奇心的自由驰骋

詹姆斯·伯克（James Burke）/ 著
杜尚·彼得里契奇（Dusan Petricic）/ 图
梁 焰 / 译

上海科技教育出版社

图书在版编目(CIP)数据

轮回:知识好奇心的自由驰骋/(英)詹姆斯·伯克著;梁焰译. —上海:上海科技教育出版社,2020.7
(詹姆斯·伯克科学文明三部曲)
ISBN 978-7-5428-7226-5

Ⅰ.①轮… Ⅱ.①詹… ②梁… Ⅲ.①科学知识—普及读物 Ⅳ.①Z228

中国版本图书馆CIP数据核字(2020)第042134号

责任编辑 朱惠霖 郑华秀 王世平 王怡昀
装帧设计 杨 静

詹姆斯·伯克科学文明三部曲
轮回——知识好奇心的自由驰骋
詹姆斯·伯克 著
杜尚·彼得里契奇 图
梁 焰 译

出版发行	上海科技教育出版社有限公司
	(上海市柳州路218号 邮政编码200235)
网 址	www.sste.com www.ewen.co
经 销	各地新华书店
印 刷	上海昌鑫龙印务有限公司
开 本	720×1000 1/16
印 张	14.5
版 次	2020年7月第1版
印 次	2020年7月第1次印刷
书 号	ISBN 978-7-5428-7226-5/N·1084
图 字	09-2020-449号
定 价	48.00元

献给马德琳（Madeline）

目　录

前言 / I

1 　扇一下翅膀 / 001

2 　满意的顾客 / 005

3 　傲气 / 010

4 　一派胡言 / 015

5 　印象派 / 019

6 　留下你的印记 / 023

7 　种瓜得瓜,种豆得豆 / 027

8 　甜蜜的梦 / 031

9 　挥舞星条旗 / 036

10 　丝绸之旅 / 040

11 　油用完了 / 044

12 　普通人 / 049

13 　早餐遐想 / 053

14　石头和骨头　/ 057

15　这篇有什么特别之处吗？　/ 061

16　放映时间到了　/ 065

17　制冷物质　/ 070

18　革命　/ 074

19　别忘了这篇　/ 078

20　吃两片名称是缩写的药　/ 082

21　美元从这里开始　/ 086

22　有益健康的花　/ 091

23　现在谈谈天气　/ 095

24　在轨道上　/ 099

25　有人吗？　/ 104

26　土耳其之乐　/ 109

27　纯粹的诗　/ 113

28　幸亏他没打中 / 117

29　干杯 / 122

30　名字里有什么 / 126

31　长羽毛的朋友 / 131

32　乱写乱画 / 135

33　重量级大事 / 139

34　钟声嘀嗒 / 143

35　造反事件 / 147

36　乡土色彩 / 151

37　这篇使你想家了吗? / 155

38　哎呀 / 159

39　想喝点茶吗? / 163

40　小数字 / 167

41　把你的耳朵借给我 / 171

42　友好协议　/ 175

43　嗞……嗞　/ 179

44　几个音符　/ 183

45　合理的想法　/ 187

46　也可能不是　/ 191

47　关于度　/ 196

48　有(一半)风景的房间　/ 201

49　各种各样的单恋　/ 205

50　臭氧层　/ 209

参考文献　/ 213

前　言

我想人们对历史感兴趣的真正原因在于，正如某个航海家曾经说过的，只有知道自己曾到过哪里，才能预言自己将往何方。而我却决定写一系列似乎是在兜圈子的历史故事，因为在某种程度上，这些故事的终点就是它们的起点。这可能显得反常。其原因在于我看问题的角度，特别是叙述它们的视角。

首先谈谈视角。正如生活中的一切事情一样，获得成功、幸福及人们渴望的其他一切东西，关键在于你的预言能力怎么样。你对将要发生的事情估计得越准确，就越能更好地趋利避害。然而，历史曾令人极其痛苦地展示，问题在于，就像伟大的丹麦物理学家玻尔（Niels Bohr）所说，"预言是非常困难的，尤其是对未来的预言。"这是因为未来几乎从来不是现在的直线延伸。这一点很早就清楚了。让我举几个有关的例子：古登堡（Gutenberg）*认为他能印出几本《圣

---

* 西方公认的印刷术之父。——译者

经》,而且几本就够了;20世纪40年代,IBM 总裁认为美国将需要约6台计算机,美国《大众科学》(Popular Science)杂志预言这些计算机总重量将不超过1.5吨;贝尔(Alexander Graham Bell)认为电话将只会用来告诉人们准备接收电报。

过去的人们受到当时知识的局限,不如我们这样洞察深远,因此好运气在历史进程和变化过程中扮演关键角色,现在和过去都是如此。你数数自己的生活中,有多少次意外的惊喜?我敢打赌,你择偶、择业或选择住处,或其他很多使你有别于其他人的事件,一定程度上都归因于巧合。从过去到现在的历程中,一路上充满了意外的巧遇和事件,最终把你带到你现在所处的位置,并把你变成现在的你,读着这本书的你。

这就是为什么过去并不是一片陌生、未知的土地。过去的人们身处过去的历史局限,正如我们局限于当代的环境一样。过去的人们不知道即将发生什么会改变他们原先制定得好好的计划的事情。

研究此类过程很刺激(而且常常挺有趣),因为借助于后见之明,我们能够理解前人为什么那么想、那么做。我们因为站得高,所以能够看清为什么事情几乎从不会像他们预期的那样发展,那是因为他们不像我们,他们不能预见即将发生的事情。

这就是为什么在19世纪中叶,煤气制造商会将他们的副产品煤焦油丢弃掉,没有想到10年内,人们发现这种东西很宝贵,可以做成很多丰富的产品,如阿司匹林、防腐化学药品、染料、木材防腐剂和燃料。

18世纪,意大利科学家伏打(Alessandro Volta)发明了一种检测气体的测气计。它是一个瓶子,向内引入两根在顶端几乎相互接触的金属线。实验者将瓶子装满待测气体,当一股电流顺着一根金属线向下流到顶端并跳过间隙时,气体会发生(或不发生)爆炸。这种实验中断以后,测气计销声匿迹达100多年,但后来它变成了火花塞的基本部件。

18世纪,雅卡尔(Jacquard)用穿孔纸作为控制装置,使丝织系统自动化。这启发了霍勒里斯(Herman Hollerith)开发了穿孔卡片,用于美国1890年人口普查的数据处理。他利用这个想法创建的制表公司后来成为今天的IBM。

我希望这些短文能证明,关于事件发展方式的另一个迷人的方面是它涉及种类异常繁多的因素。尽管学校里面倾向于把历史分割为若干学科领域(化学史、艺术史、音乐史、运输史,等等),其中的进步和发现使学科发展成今天这个样子,但是这样的教学方法几乎不能反映实际情况。例如,"通信史"可以追溯到1947年贝尔实验室的肖克利(Shockley)开发晶体管(电子学)。这种晶体管使用锗,锗矿首先由19世纪地质学家麦克卢尔(William Maclure)在美国找到(地质学),麦克卢尔还资助罗伯特·欧文(Robert Owen)在印第安纳州的新哈莫尼成立了公社,欧文是来自英国的工厂经理(纺织),他的乌托邦思想是从戈德温(William Godwin)那里学来的,戈德温是社会主义运动的奠基人(政治),他的女儿玛丽(Mary)嫁给了珀西·比希·雪莱(Percy Bysshe Shelley)(诗人),之后,玛丽写了小说《弗兰肯斯坦》(Frankenstein)(小说家)。

本书的这些短文沿着同样这种意外的轨迹,努力再现一种好像被当时条件所限制的感觉。我希望每次故事发生转折的时候,读者会感觉自己似乎像当事人一样,对事件的转折感到意外。有些事件的转折很不起眼,有些则不。历史就是这样。

此前我曾提到过这些短文展示的轮回结构。有两个理由解释我为什么在这里这样卖弄历史的无结构性,但在书中却给它一个整齐的形式。一个理由是如果不这样做,这些短文就只会反映我所描述的纯属偶然的好运气,漫无目的地从一处走到另一处,不能解释为什么会从这里出发、到那里结束(让读者感到无所适从)。选择让叙述轮回往复,让故事从哪里开始就在哪里结束,使我能够阐明起作用的好运气的最迷人的一面,即在历史产生最非凡的巧合的过程中所呈现出来的一面。在这个意义上,历史总是不断重复着自己。

你也许不同意本短文集陈述事件的方式,那也很好。跟踪从过去到现在的轨迹并不只有一个正确的方式。如果你相当不满意,以至于使你去找另一条更好的路径来描述我所写的一切,那请你按照自己的方式来书写历史吧。这样的事情多多益善。

1 扇一下翅膀

我觉得我的历史观远离有序而偏向混沌,这里混沌的意思就是混沌理论中那个被滥用的短语,即中国的一只蝴蝶扇动翅膀会在世界另一头引起风暴。所以我决定通过这些短文在巨大的知识网络上旅行一圈,再现一下蝴蝶效应。

这个念头是我参观伦敦自然历史博物馆的"鳞翅目"展览,看见一只巨大的菜粉蝶时产生的。伦敦自然历史博物馆令我想起另一个大型的自然历史博物馆——史密森博物馆。史密森博物馆得以建立应该归功于罗伯特·戴尔·欧文(Robert Dale Owen)的坚持努力。罗伯特·戴尔·欧文是来自印第安纳州的两届民主党成员,他几乎单枪匹马地促使国会通过了1845年法案,接受英国人史密森(James Smithson)的(相当于今天)20亿美元的遗产,帮助建立了这个备受尊重的机构。欧文的努力还揭示了美国金融史上的一次黑色交易:史密森的钱大部分在几年以前就到了美国,然而这些钱当时居然暧昧地掌控在阿肯色州一家濒临倒闭的房地产银行的手中,是美国财政部轻率地放在那里保存的。

罗伯特·戴尔·欧文是一个自由思想家,是那个曾在印第安纳州新哈莫尼建立了一家不成功的乌托邦公社的著名英国改革家的儿子。罗伯特·戴尔·欧文的思想远远领先于他的时代,他支持女权运动,赞成使用栈道(对没有通铁路的乡村地区),支持妇女解放和节育。1830年他写了一本小册子支持节育，其副标题是"简明论述人口问题"（A Brief and Plain Treatise on the Population Question，这使你可以感觉到他的风格），文章中他提倡人人都节育，还就如何节育给出了3个例子。2年后，罗伯特·戴尔·欧文文章里的大量内容被波士顿的诺尔顿（Charles Knowlton）博士（未经授权地）用在畅销小册子《哲学的果实》（The Fruits of Philosophy）里，其中补充了更多的生理细节。

40年以后，诺尔顿/罗伯特·戴尔·欧文的著作被激进主义者贝赞特（Annie Besant）在英国重印，在那里这本书被判定为淫秽作品，可能败坏道德。贝赞特女士在法庭上为自己辩护，从而成为第一个公开谈论避孕的妇女，这使她受到罚款和判决。贝赞特没有被吓倒，她开始从事更大的事业：印度独立（她是第一届印度国会主席）、素食主义和比较宗教学。这是发生在她结束了和另一个左翼赤贫无产者萧伯纳（George Bernard Shaw）的浪漫插曲的几年之后。贝赞特曾和他在伦敦威廉·莫里斯（William Morris）的社会主义者联盟的定期聚会上演奏钢琴二重奏。后来，萧伯纳因写作《皮格马利翁》（Pygmalion）一书而变得相当有名，后来他将之改编成好莱坞影片《窈窕淑女》（My Fair Lady），从而享誉世界。这部戏讲的全是说话得体的事［你可能想起，杜利特尔（Eliza Doolittle）说话就不得体］，塑造了一个演讲教授希金斯（Henry Higgins），这个人物的原型是真实生活中的语言学家斯威特（Henry Sweet）。

19世纪80年代，斯威特是音标的发明人之一，当时由加尔各答的威尔士法官琼斯（William Jones）掀起的古代语言热，激起了他对音标的兴趣。1786年，琼斯揭示了古印度梵语与拉丁语和希腊语之间有异常相似之处。这一发现加剧了19世纪初期处于浪漫主义运动中的德国人的民族主义情绪（德国在不久前战败于法国，正在经历一个文化偏执期），因为这给他们一个想法：他们也许能够将他们的语言的根源追溯到印欧语系的时间迷雾中，因此证明他们的传统至少和巴黎人的一样古老。

这种想复兴民族自尊心的狂热也许可以解释为什么德国研究生也参与这样的大科学项目:向全国各地的教师发出4万多张问卷,问他们操当地方言的人们如何读这句话:"冬天,干枯的树叶飘在空中。"在这项基本研究的基础上,人们制成发音地图,方言学受到尊重。以至于后来在耶拿大学,一个名叫施万(Edward Schwann)的小伙子甚至获得资助,做字母 Z 的法语重音的音位测定研究。如果你能搞到这个工作成果,你会发现他的工作做得很出色。施万在这项工作中得到了著名德国物理学家普林斯海姆(Ernst Pringsheim)的帮助。

1876年,博尔(Franz Boll)拜访了包括普林斯海姆在内的科学泰斗。博尔是一位研究者,正在研究人眼何以能够在微光下看清东西的过程,他认为这是由于存在一种特殊的化学物质,如果没有它,人就看不清了。这种视觉缺乏症的全部观点由一位目光敏锐的荷兰医生艾克曼(Christiaan Eijkman)进一步发展。 这个人刚好在爪哇岛的一家荷兰医院工作,他是1886年被派到那里去对付脚气病的,许多殖民地官员和军队人士被这种病弄得身体虚弱。艾克曼刚好注意到医院周围一些一瘸一拐走来走去的鸡也有他正在研究的这种病的症状。但是因为这些是鸡不是人,所以他没去管。忽然有一天,这些鸡一下子变好了。这些鸡到底在演什么把戏？

原来，医院来了一名新厨师，他认为用本地爪哇岛工人吃的食物喂鸡就足够好了，因此他不再用欧洲医务人员餐桌上的剩饭喂这些鸡。差别就在大米上。欧洲人吃的是精白米（"军用大米"）；本地人和鸡吃的是带壳的糙米（"稻谷"）。经过几个月对鸡和大米的试验，艾克曼得出了有意义的结论：一定是在稻壳里有某种物质能够治愈鸡，或更明确地说，没有这种"物质"在鸡的食物里，鸡就会得蹒跚症。这也是人得这种病的原因吗？

几年后，在英国，由保险经纪人变成生物化学家的高兰·霍普金斯（Gowland Hopkins）观察到，小老鼠如果不吃奶，不管你怎么喂养，都不会长大。他逐渐认识到，正常食物中有某种物质对健康很关键，而且它不是蛋白质、碳水化合物、脂肪或者盐。高兰把这些神秘的物质称作"食物附加元素"。后来他和艾克曼分享了诺贝尔奖，因为他们的工作导致发现这些附加物质实际上就是：维生素（在鸡的事件中，就是维生素B_1）。

好了，所有这一切为什么会使我认为知识网络的运行方式可能会使你遥想起混沌理论？其原因在于高兰在进入营养学领域之前所做的工作。一旦分析尿液里的尿酸蛋白的新技术（在高兰接受培训的伦敦盖伊医院）开发出来之后，他就能够研究纯蛋白及其在营养中的作用。

而他对尿酸感兴趣是因为他的科学研究工作开始于昆虫，当时他猜想（后来证明是错误的）在产生菜粉蝶翅膀的白色色素过程中有尿酸的贡献。

2 满意的顾客

现代百货商店的商品都是不满意可退货的,这正是当前工业民主主义的伟大范例之一。多亏了大规模生产和销售,我可以回商店把我上星期发现有裂痕的杯子作免费退换。那杯子是柳树图案的,货真价实的韦奇伍德装饰陶瓷。这话真是有些讽刺,因为韦奇伍德的原货就是造假的赝品。韦奇伍德(Josiah Wedgwood)是一名制陶工人,最初是修补代尔夫特瓷器的(代尔夫特瓷器是一种赝品瓷器,最初是为荷兰中产阶级制造的,因为他们买不起来自远东的天价真货)。1769年,韦奇伍德出师,开始打造他自己的瓷器(假冒的希腊花瓶,最初是为英国中产阶级制造,因为他们买不起来自意大利南部的天价真品)。

韦奇伍德的灵感来源于一个名叫威廉·汉密尔顿爵士(Sir William Hamilton)的业余考古学家和古迹盗贼,他曾于1764年被任命为英国驻那不勒斯法庭大臣,那时人们刚对附近的庞贝古城进行了首次系统的挖掘。所以到处都有大量的古代碎瓦烂片,可以被慷慨地说成是"可供收集"。汉密尔顿的收集量非常之大,以至于他出版了几本目录,其中的一本目录影响了韦奇伍德。

汉密尔顿不时地回一趟英国,把他最近运回的古代文物卖给大英博物馆这样的机构或波特兰公爵夫人。一般情况下,销售代理是他的侄子,一个被称为尊敬的格雷维尔(The Honourable Charles Greville)的饭桶。这么说来,汉密尔顿的血统里一定有笨蛋的成分在里面,因为这位威廉爵士自己的母亲曾经引诱了威尔士亲王,而1785年他本人占有了格雷维尔的情妇(为了"节省这孩子的开销")。那位女士身材高大而匀称,比汉密尔顿年轻35岁,自称埃玛·莱昂(Emma Lyon),是一个"模特"(穿着透明套装,摆出古希腊和古罗马各种人士的姿势)。

埃玛也许是在当詹姆斯·格雷厄姆(James Graham)的"侍女"时学会这个技巧的。詹姆斯·格雷厄姆是当时用电行骗的大骗子之一。他吹牛说自己的科学背景完美无缺,说自己毕业于爱丁堡大学,师从布莱克(Joseph Black)这样的医学巨匠,布莱克是潜热的发现者。电在当时就像20世纪90年代的冷核聚变:没有人真正懂得它,但人们以为它可以创造奇迹。他们知道电流(由玻璃和一块丝绸布摩擦产生,或由触摸莱顿电瓶而产生)可以引起头晕、心跳加快、眼冒黑点等。也许电对人体健康有好处呢。

詹姆斯·格雷厄姆声称电包治百病。在他豪华的"伦敦健康圣堂"[极其优雅的、亚当(Adam)设计的房屋]里,社会精英们接受泥疗浴和电击,周围都是穿着极少的性感少女(埃玛有段时间也在其中),大门口有6英尺*高的保镖把守,防止那些粗野的地痞流氓盯着看。詹姆斯·格雷厄姆那令人震惊的表演明星——神奇的"电磁神"床——让伦敦"风流社会"的女人们完全黯然失色:它保证治愈不育症,以及几乎所有折磨你的病。轻信的不育症患者排成的长队绕满了整个街区。

我们回到那不勒斯。在豪华的别墅里,威廉·汉密尔顿爵士让埃玛坐得高高的,继续摆姿势。毫不奇怪,她的姿态正好引起了一位出海太久的杰出的海军楷模的注意(也许实际情况是,如他后来提到的那样,埃玛从来不穿内衣)。这个水兵就是当时的英雄纳尔逊(Horatio Nelson),他魅力十足,以至于当他航行到那不勒斯时,那里的女性都为之倾倒。

---

* 1英尺约为0.3米。——译者

他和埃玛在1798年相遇。很快,快得你还来不及说完"海军元帅"这个词,她就变成了他的情妇,在马耳他岛上搂成一团了。管辖这个岛的专员也是一个老练的水手,即鲍尔(Alexander Ball)船长,他曾救过纳尔逊的船和命。

当时,马耳他在拿破仑(Napoleon)和欧洲其他部分之间的冲突中是一个战略要地。马耳他使纳尔逊能够控制地中海航线,从而保障通过埃及到达英属印度的航线安全。这就是拿破仑垂涎马耳他的原因。其他人也是如此。因此岛上充满了阴谋诡计,到处都是俄国间谍、法国间谍和土耳其间谍。也有少数美国人(在与的黎波里塔尼亚的战争后来此休息),他们有自己的动机:把手伸过大西洋,削弱英国人的势力。

所有这一切隐秘复杂的国际关系意味着,当鲍尔不是在招待纳尔逊和埃玛的时候,他就是在忙着日夜赶写密件。也由于鲍尔擅于航海而不擅于作文,这些密件都是由新来的修订员柯尔律治(Samuel Taylor Coleridge)日夜修改的,这是一个短暂的鸦片鬼和浪漫主义诗歌专家,于1804年来到这个岛上,目的是逃避他的妻子和戒掉他的毒瘾。

柯尔律治旅行来到马耳他,是为了恢复健康,平衡财政状况。将近两年过去了,两个目标都没有达到,所以诗人经罗马折回伦敦,在罗马他遇到了美国艺术家奥尔斯顿(Washington Allston),他为柯尔律治画像。这两个人很快成了亲密的朋友。后来奥尔斯顿来到英国时,把柯尔律治介绍给自己的门徒,一个年轻的美国人,他的终身奋斗目标是在华盛顿的国会山圆顶大厅里创作一幅壁画。可惜,这一任务并没有交给他,尽管他确实在纽约艺术界风靡一时。他是国家设计研究院的创始人,并给拉斐德(Lafayette)将军和克林顿(DeWitt Clinton)这样的大腕人物画像。1829年,这位年轻的画家再次奔赴欧洲,这时他逐渐意识到自己的未来也许不在画布上。

1832年,在返回途中,他萌生了一个想法,这想法给他带来的名声远胜于他的艺术家名气。你可能还在猜想我们谈论的到底是谁。这人就是莫尔斯(Samuel Morse),他的想法当然就是通过电线传递信息。经过6年的开发,莫尔斯大概仅仅是第6个制成电报机的人,但是他至少由于以下两个原因获得了意外的大成功。一个是莫尔斯电码。谁也不敢肯定地说他的电码不是从他的合作者(及免费硬件的供应者)韦尔(Alfred Vail)那里偷来的。尽管可能是这样,但比起其他竞争者开发的复杂的电报打印机模型,莫尔斯的技术简单得多。它只需要一个简单的触击键(用于传送简单的5个一组的开关信号),只需要一个操作员,可在低质的电线上工作,很廉价。

莫尔斯成功的另一个原因也是财政方面的。在当时,火车经常在一条铁路上双向行驶(这样省钱),因此经常发生撞车事故(这又费钱)。调度员急需找到一种办法,告诉相对行驶的火车什么时候走、什么时候等。电报于1851年首次应用到伊利铁路上,满足了这种需要。但它也给它的使用者带来了麻烦。

到了19世纪50年代中叶,伊利铁路公司雇用了4000多人,铁路网膨胀得像团乱麻。1860年,公司大约有3万英里*的铁路线,事情糟糕得要出轨。问题出在铁路公司同时是众多不同功能的企业:商店、车站、铁轨、铁路货运编组站、仓库以及工程部门。此外,材料、人员和资金分散在几千英里的铁路沿线上。这种业务特点意味着,必须不时地做出快速的、全系统范围的决策。如果公司要生存下去,他们需要一种全新的指令控制机构。

三位工程师利用新电报技术装备起来的快速通信手段,给出了解决办法。这三个人是:麦卡勒姆(Daniel McCallum,伊利铁路公司)、J·埃德加·汤姆森(J. Edgar Thomson,宾州铁路公司)和芬克(Alfred Fink,卢伊维尔和纳什维尔铁路公司)。他们设计了第一张业务管理组织图表,提

---

* 1英里约为1.6千米。——译者

出了指挥参谋组织管理(line-and-staff management)和部门公司结构(divisional company structure)的思想,首次做出了真正的每吨英里成本(cost-per-ton-mile)财务分析。结果,铁路公司很快就能日常性地办理数以千计的业务(客运和货运),周转率(即旅客和货物上下列车的比率)高,利润率低(价格便宜),规模大(横跨美洲大陆)。

到了19世纪70年代,铁路管理技术促进建立了另一个依赖于频繁和规律性的货物运送的产业。像铁路一样,它的业务也是以很大的规模、较低的利润率和很大的周转量来运营的。像铁路一样,它的职员人数超过很多城市的人口。也像铁路一样,它的组织是departmental(部门化的),因此它们被称为department store(百货商店)。这些商店取得了巨大成功,进而产生了作为现代工业社会特征的"所有物民主"(democracy of possessions)。

因此首先要感谢韦奇伍德(他的工厂仍在运营),今天每个人都能买到他的陶器,以及其他想要的任何东西。如果这些东西有毛病,保证他们可以得到免费的退换。

这个做法是韦奇伍德首先引进的,在他的伦敦陈列室。

3 傲气

我坐在自己忠实的计算机前,眺望着泰晤士河和那座布鲁内尔(Isambard Kingdom Brunel)设计的美丽的铁路大桥,不断地回忆起19世纪的钢铁技术是如何赋予它们这由机械支撑的所有傲气的。我就坐在那里,绞尽脑汁,试图找一句蠢话开始这篇短文。这时,一个东西从大桥下漂浮过去,那是一艘挖泥船。

这令人想起苏伊士运河,所有运河当中最傲气的工程。自罗马以来,所有人都想过开凿苏伊士运河。连拿破仑在1798年入侵埃及时都曾尝试过,但又放弃了。他的科学家顾问团(随军的)告诉他这是不明智的,因为地中海和红海的水平面有30英寸*之差。但1859年,25 000名阿拉伯农夫组成的劳工队伍,加上由瑞士、意大利、西班牙、荷兰和丹麦组成的国际财团,终于成功地完成了苏伊士运河工程。在工程的最后阶段使用了吸扬式挖泥船。

运河和气动清沙都是法国人的主意。运河本身是由一个野心勃勃的企业家德雷赛布(Ferdinand de Lesseps)策划的(他后来继续在巴拿马地峡策划类似工程,进展不那么顺利,最终破产)。工业规模的气动装置引入得更早,当法国人挖掘第一条穿过阿尔卑斯山的塞尼峰脚下的铁路

---

* 1英寸约为0.025米。——译者

隧道时就引进了。这个工程目的是将意大利的萨瓦(阿尔卑斯山北部)和意大利的其余地方(阿尔卑斯山以南)联结起来,并使从印度和东方乘船回家的人们可以在布林迪西这些地方乘上火车,而不必乘船特地绕过西班牙。不幸的是,隧道完工以前,战争就把萨瓦给了法国。不过隧道对旅游仍是一件好事。

1861年(经过3年令人厌烦的手工钻洞,且以每天20多厘米的速度推进),隧道挖掘进入阿尔卑斯山岩石层没多深,总工程师索梅利耶(Germain Sommelier)决定试用一种新方法,希望能在他有生之年完成这项工程:在隧道入口处上方专门修建一个水库,产生一个水头,将空气压缩,提供给气钻,使它能更快地穿透岩石。事实证明,钻头推进速度快了20倍。但索梅利耶没有能完成这一工程。 他此后不久死于心脏病。

塞尼峰隧道几乎和苏伊士运河一样使大家感到惊讶。一份杂志描述了开凿它时使用的新型神奇气钻,这篇文章有一天被美国神童威斯汀豪斯(George Westinghouse)看到了。1869年他把气动概念变成火车上用的气闸。压缩空气通过火车下面的管道,顶住活塞。如果气体压力释放掉(故意地或者由于管道破裂),活塞就会向前撞去,使闸箍住车轮,这样能使一列时速30英里、长103英尺的火车在500英尺内停下。于是人们有可能安排更多的火车,安排得比以前更密一些。

这又需要更好的信号技术。这就是为什么1888年威斯汀豪斯同意了一个有创造性才能的克罗地亚人的意见。这个人每星期都戴一条新的红黑相间的领带,住在一个到处是鸽子的旅店房间里。他的名字叫特斯拉(Nicola Tesla),这人提出了一个沿铁轨长距离传送电力的方法,以便操作铁路信号。他随后发明了一个小装置,这个装置对现代社会来说是如此普通,以至于大多数时间你都不知道它的存在。他将交流电送进绕在铁棒上的两组线圈,并使这两股电流的相位彼此相差90度。这套东西产生一个随着一个个相继而来的电流高峰而旋转的磁场。这个旋转的磁场使一个铜盘自转。如果给铜盘装上一条皮带,就得到了一台电动机。

到了第一次世界大战,这个小玩意正是新型巨型战舰舰长们梦寐以求的东西。首先,因为金属战舰携带电力,使磁罗盘受到干扰,因此很容易迷失方向。其次,在颠簸的海上,巨大的新型14英寸的大炮,能将850磅*炮弹发射到将近10英里远的地方。如果这时战舰摇摆得很厉害,就连敌人的边都碰不着。特斯拉的小电动机把这两个问题都解决了,因为它能让至少3个大小不同的陀螺自转。有微小的真正指北的陀螺仪(如果你旋转陀螺,不去碰它,它会一直指向你为它设定的方向,任谁都改变不了),也有巨大无比的4000吨的陀螺,在船中央旋转,可以抵消海上的摇摆,最后还有中等大小的陀螺,服务于所有枪炮平台,使得无畏级战舰名副其实。装备有陀螺稳定装置的新型美国战舰"特拉华号",在它首次战斗中,把每一架前来攻击的敌机从空中击落。那可是在暴风雨中。

这样使用陀螺仪是布鲁克林电气部件制造商斯佩里(Elmer A. Sperry)想出的主意,这使他发了大财。注意:劝说海军购买陀螺仪并不是一帆风顺的,其经济风险如同走钢丝一样。斯佩里就是在这方面遭到初次失败的(这是他一生中唯一的一次失败)。早先,他试图说服马戏团老板巴纳姆(P. T. Barnum)在他的一个杂技空中飞人节目中,表演用陀螺稳定的独轮车。

巴纳姆拒绝的原因可能是他与技术没有多大关系,除了在19世纪40年代,他与技术有过短暂接触。当时他首次做一个马戏团老板,四处寻找新奇的东西来表演。他的候选清单中有"勤劳的跳蚤……胖男孩……绳舞者……以及编织机"。况且,当斯佩里竭力推销陀螺的主意时,巴纳姆早已把独轮车(还有勤劳的跳蚤这类东西)丢在脑后,正在巡回演出"地球上最伟大的奇观"(800人的演出队伍,乘着专列,每年行程一万英

---

* 1磅约为0.45千克。——译者

里),并且已经首创了三圈马戏场。巴纳姆以"骗子大王"而闻名,他可以成功地将冰箱推销给因纽特人。在他的马戏大篷里,欧洲的国王和女王们如醉如痴地观看他的侏儒将军、追捕野牛、大象表演以及罗马帝国的毁灭、巴比伦的衰亡及美国独立战争这些壮观场面的真实再现。

巴纳姆的个性不时地会大转向,他可以为了禁酒工作而放弃一切。有一次,在1850年,他为世界上最伟大的女高音歌唱家燕妮·林德(Jenny Lind)组织了一次美国—古巴巡回演出。1844年燕妮·林德女士首次在瑞典以外的地区(柏林)演出,取得了极大成功,这使她24岁就迅速成为歌剧女主角。人们付高昂的价钱买票看她的演出,即使买不起也要买。有一个歌迷只想触一下她的肩膀,"看看翅膀是从哪里伸出来的"。维多利亚女王(Queen Victoria)把她自己的花束扔到燕妮·林德脚下。在大街上,她引起罕见的轰动,其场景后来直到"甲壳虫"乐队时才又见到。1845年伦敦的女王陛下剧院(Her Majesty's Theater)决定请人为燕妮·林德创作一部新歌剧,这项工作交给了当时另一个歌剧界超级明星威尔第(Giuseppe Verdi)。两年后,威尔第奉献出一台《强盗》(*I Masnadieri*),由燕妮·林德演阿马利娅(Amalia),极为成功,轰动一时。

威尔第总是很乐意接受国外的约稿,因为这比他在米兰拉斯卡拉歌剧院(La Scala)得到的报酬多7倍,尽管他当时是意大利首屈一指的音乐民族主义者。在19世纪40年代,意大利被奥地利占领,威尔第巧妙地应付着一些煽动性内容受到审查的问题,例如刺杀瑞典国王,对犹太囚徒的事情说个没完,美国革命者,以及其他诸如此类的微妙暗喻。

这也许是为什么威尔第有机会写了《阿伊达》(*Aida*)这部被证明是最受欢迎的歌剧。当时统治埃及的是一个名叫伊斯梅尔(Ismail)的总督,他在当地的工程改造耗资巨大,使他严重缺乏资金,因此不得不卖掉他在一个工程项目上的股份,他本来指望这项工程成为主要的国家财源(而且《阿伊达》就是为庆祝这项工程而请人创作的)。这部歌剧以古埃及为背景,旨在歌颂这个国家的古老历史,并对伊斯梅尔的土耳其最高君主表示轻蔑。

但这部戏在这方面并没有起到多少作用,也许是因为达成一个威尔第可接受的协议花了太长的时间,以至于总谱的交稿时间晚得太多,比苏伊士运河的开通日——本戏旨在庆祝的日子——几乎晚了两年。

由机械支撑的傲气暂时写到这里。

4 一派胡言

我必须承认意大利的博洛尼亚有一个致命的弱点。除了拥有欧洲最古老的大学和地球上最优雅的妇女,它还是世界的美食中心。

在迪亚娜餐馆享用午餐(这个建议是我个人向你提出的),品尝烹饪大师的杰作[别错过奶油意大利饺子(tortellini alla panna)]之后,你可以走上几百米,去欣赏另一个令人垂涎的精妙之作:一条巨大的镶嵌在城市大教堂地板上的黄铜子午线。这条子午线是卡西尼(Gian-Domenico Cassini)装在这里的,他是1667年左右最热门的天文学家。当时他的名声极大,路易十四(Louis XIV)的得力助手柯尔贝尔(Jean-Baptiste Colbert)提出要他主管最新的巴黎天文台,他无法拒绝。随后他参加了法国的鉴定地球形状的伟大工作(法国人认为地球两极不是扁的)。

柯尔贝尔需要弄清楚这一点,这样可以使他正在为法国建立的新海军能够更精确地把恒星定位角(star-fix angle)与地球表面的位置联系起来(地球在两极是不是扁的,计算结果是不一样的)。这样,法国海军就能更好地航行,并统治海洋。而且,兴许可以打击一下英国人,把本初子午线从格林尼治偷过来,移到巴黎。让法国人的自尊心很受打击的是:他们关于地球形状的想法错了,因此我现在仍以格林尼治时间写作。

有关恒星的鬼把戏是柯尔贝尔的宏伟计划的关键一环。他要使法国成为一个商业超级大国,另外一些措施还包括对那些有兴趣(更确切地说,现在是被希望)出海去外国,并带回高价消费品的从事进口贸易的人都给予税收减免。柯尔贝尔的想法是随后把这种贸易由法国垄断,为国王和国家挣得大量的埃居*。怎么样,国王。

这种完全合法的避税方法实在是太棒了,令人无法拒绝,所以立刻就有海盗载着整船的黄金、象牙、奴隶和树胶从西非的塞内加尔回来。塞内加尔树胶正是机器在印度印花布(最新的来自印度的欧洲时尚品)上印耐久颜色所需要的东西,因为这种塞内加尔树胶可以用作染料黏合剂。18世纪中叶,在城里做印度印花布最出名的人是一个叫尼克松(Francis Nixon)的爱尔兰人,他发明了一种方法,能够以低廉的成本快速印出所有你想要的便宜的印花。尼克松的诀窍是将钢印图案压在铜滚筒上,然后给滚筒上色,让棉布在滚筒之间穿过。这样就首创了相互匹配的窗帘和床罩。

不管怎么说,到了1818年,马萨诸塞州纽伯里波特的年轻人珀金斯(Jacob Perkins)已对尼克松工艺做了一点小小改进。他正在伦敦试图说服英格兰银行把印刷钞票的合同交给他,他称自己的设计非常复杂,无人能伪造。很快(18年以后),这家银行说可以。这就是过去的英格兰。4年之后,耐心的珀金斯真正击败了他的印刷竞争对手,他搞到了印刷新的英国"黑便士"邮票——世界上第一张邮票——的业务。

世界各地的商人一下子被这个增强通信功能**(没错:对不起!)的激动人心的新主意吸引住了。到1874年,幸亏世界上首屈一指的香蕉专家(关于他,我在另一篇文章中会更多地提及)把邮票引入了瑞士,伯尔尼成了万国邮政联盟的所在地,国际社会决定将邮件分为三大类:信件、包裹以及新生事物"明信片"。

---

* ecu:当时法国货币单位。——译者

** 增强通信功能,原文为 pushing the communications envelope。其中 envelope 又作"信封"解,暗扣"邮票"。故有接下来括号中的"没错:对不起!"——译者

最早一批明信片上的插图由英国天才漫画家梅(Phil May)所作,他最好的作品刊登在新的讽刺杂志《笨拙》(Punch)上。这份杂志本来没有刊登插图的计划,但是时事提供了任何编辑都梦寐以求的好机会。当时维多利亚女王的丈夫阿尔伯特亲王(Prince Albert)提出搞一个竞赛,以决定谁来为最新重建的19世纪仿哥特式国会大厦的内部创作壁画。亲王殿下最喜欢的参赛作品实在是荒唐得可怕,只有一个办法阻止他:把它们发表。结果有效。

但即使《笨拙》杂志也不能阻止哥特式建筑的复兴。下次你到英国去,请注意那里有多少19世纪的教堂。你可以从真正的哥特式建筑中认出它们,因为它们在建造时,以怪兽状滴水嘴和煤气灯为特色。哥特式建筑比新古典主义建筑便宜,所以维多利亚时代的国教委员会匆匆建造了500多个这类建筑。我认为,导致所有这一切过失(即我们现在称之为"浪漫主义"的这种18世纪后期复古中世纪的神经质行为)的箭头人物(这箭头是不是中世纪式样?)是年轻的德国哲学家赫尔德(J. G. Herder)。他痴迷于对人类、自然、德国民歌和所谓的"狂飙运动"(sturm und drang)的根本统一的思考中["狂飙运动"是一种史诗般的存在观,把它翻译成现在的话,也许最好是短语"超越巅峰"(over the top)]。

赫尔德的过火行为的导火索是3世纪爱尔兰武士诗人莪相(Ossian)创作的一部古盖尔语诗集于18世纪后期吵吵闹闹地登陆德国。这些诗使欧洲和赫尔德神魂颠倒*(没错:对不起!)。对浪漫主义者而言,这史诗跳动着原始人纯洁而强烈的情感的脉搏。由于它触动了赫尔德及其伙伴,结果诱发了浪漫主义运动。正是这类东西组成了历史的伟大瞬间。糟糕的是这部史诗是伪造的,是由平庸的苏格兰诗人麦克弗森(James McPherson)"发现"的。他只是把(在苏格兰旅行期间)采集到的几首民谣

---

* 使……神魂颠倒,原文为took... by storm。其中storm义"风暴",暗扣"狂飙运动",德语原文中的sturm。——译者

和自己的诗歌编在一起,翻译成盖尔语,冒充为1500年以前的原著。不过,如我曾说的,他的确给我们带来了浪漫主义,后者又带给我们病理学和无线电(我会在另一篇短文中更多地提及)。

当时,究竟为什么像麦克弗森这样的人会去收罗古董采集民谣呢?唔,我猜想是因为那时苏格兰文化的前景黯淡。这是以下事实的结果:自1715年以来,信仰天主教的斯图亚特王室一直想通过武装暴动攫取英格兰王位(当时王位由信仰新教的德国人占有),所以苏格兰高地到处都是英格兰士兵。凡是涉及宗族、苏格兰格子呢以及用苏格兰本地方言说话都可能使人掉脑袋,英格兰人甚至在国歌上专门补充了一节"造反的苏格兰人必被镇压!"。事态于1745年发展到顶点,斯图亚特王室最后一位继承人邦尼查理王子(Bonnie Prince Charlie)和他的一伙残忍的杀手(又称"一群勇敢的爱国者")一直到达南边的德比,结果导致人们抢购英镑。现在你如果搅乱了英格兰银行是逃脱不了惩罚的,但是他的确逃脱掉了。用歌里的话说就是"跨过大海,奔向斯凯岛"*,然后越过英吉利海峡,到达欧洲大陆。这多亏了支持者麦克唐纳(Flora McDonald,后来迅速逃往北卡罗来纳州)的帮助。直至今天,为了纪念查理逃到国外,浪漫的苏格兰人会举起酒杯祝福"海外的君王"。

最后:我为什么要这样拐弯抹角地精心编织这一派胡言呢?因为……猜猜看,查理最后在哪里度过了他的最好的晚年流亡生活?唔,如果你(像他一样)想找一个地方能够高谈阔论,享受优雅女士的陪伴,沉溺于美酒佳肴之中(这位王子最终死于酗酒),你会去哪里?

不管你怎么想**(没错:对不起!),只有一个选择:博洛尼亚。

---

* 这句歌词取自苏格兰名曲《斯凯岛船歌》(Skye Boat Song),原文为 over the sea to Skye。——译者

** 不管你怎么想,原文为 Whichever way you sliced it。其中 slice 义"切、削"(菜),暗扣"美食中心"。——译者

5 印象派

我很幸运,那天晚上在一个艺术展览开幕式的招待会上,我注意到一位正在喝一杯香槟酒的妇女,印象中她靠近一幅法国油画看得非常仔细,而这幅画只能隔一定距离才能真正欣赏它。我说"幸运",是因为这件事触发了我写此文(并喝几杯香槟)的灵感。

19世纪初,拿破仑深深陷入和欧洲其他所有国家的冲突中。由于对手英国人的大规模工业生产,拿破仑和英国打仗用的是英制加农炮,军队穿的制服是英格兰制造!拿破仑肯定对这种情况很反感(呸!),于是他成立了一个"鼓励法国发明家协会"(非常粗糙的翻译)。1810年一个名叫阿佩尔(Nicholas Appert)的无名小卒领取了该协会12 000法郎的奖金,原来大约一年以前他在法国海军试验了一个古怪想法。阿佩尔想出了一个让食品保鲜的办法,就是仅仅把食品放在香槟酒瓶子里封存(阿佩尔曾是一位厨师和香槟酒装瓶师),然后把瓶子浸泡在水里,把水煮沸,时间长一点,为的是杀死导致食物腐烂的细菌。正如在科学技术这类重要进展中经常发生的那样,阿佩尔不知道他其实正在做的正是杀菌,不过这没关系。

法国报刊上开始出现阿佩尔的瓶装蔬菜"把春夏带给了冬天"这样诗意的赞扬,英国人这时才听说这种食品保存法。战时的1811年,有一位英法中间人,甘布尔(John Gamble),他是身在巴黎的英国战俘交换组的成员之一(他和一个法国女人结了婚),设法得到了阿佩尔的专利。一年之后,甘布尔和他的两个伙伴[唐金(Bryan Donkin)和霍尔(John Hall)]一起,在南伦敦伯蒙德西做起了生意,仿效这一食品保存方法,只是这次用的是锡铁罐(其中一个伙伴有打铁经验)。英国王室品尝了这种新产品,宣称"好吃",于是,罐装食品怎会失败呢?1818年罐装食品业又火爆了一次,当时探险家约翰·罗斯(John Ross)船长,大张旗鼓地出航去探索西北航道,带去了大量罐装胡萝卜、肉卤、汤、烤牛肉和豌豆。

1824年,这位坚定勇敢的船长再一次去探险,食品装备与上次差不多[与探讨美食的本文相映成趣,此次探险由布思(Felix Booth)资助,他是位杜松子酒酿造师,有一种杜松子酒以他的名字为名]。这次探险发现了磁北极,并把北美洲最北部的一块地方命名为"布西亚"(Boothia)半岛。真正的磁发现者是约翰·罗斯的侄子和旅伴詹姆斯(James),他被极地虫子咬得太厉害,因此1839年他登上英国皇家海军舰艇"埃里伯斯号"驶向相反方向,花了4年时间找到了南极大片地区及沿路的其他地点,并绘制地图。

这次,他的船员中有一位年轻人,名叫胡克(Joseph Hooker),他后来因写下了这次旅行中的植物学发现而闻名,后又通过各式各样的短程旅行至锡金、尼泊尔、阿萨姆邦和印度继续做同样的事情。胡克跋涉于喜马拉雅山脉,为西方介绍了大量品种的杜鹃花,并历经多年,耐心地为300多种凤仙花(impatien)分类,逐渐在各地园丁中变得有名。由于胡克坚持不懈的努力,1865年

他被任命为基尤的英国皇家植物园的主任（继任他父亲的职位），随后他把这个地方变成了今天的国际植物学研究中心。当他下令建造漂亮的温室、带来了浓浓的热带暖意的时候，他还把许多后来的旅游者（和我）从伦敦冬日下午的刺骨寒冷中拯救出来。谈到这儿，胡克至少还做了另外两件事，这对于20世纪事关重大。他协助组织了把橡胶树苗走私出巴西（当时还不是英国殖民地），从而能够培养并随后将其移植到马来群岛（当时大多属英国），这样奠定了整个橡胶工业的基础，并使雨衣的发明成为可能。

胡克对西非油棕继续做同样的事。如果你正好想控制体重并减少动物脂肪的摄取量，你就会关心油棕。棕榈油的盛行需要感谢拿破仑的侄子[拿破仑三世（Napoleon Ⅲ）]和他的难题：养活他的军队和迅速增长的人口。为了响应皇上的又一个号召（和又一笔巨额奖金），法国化学家伊波利特·梅热-穆里（Hyppolyte Meges-Mourriès）改变了三明治的特点，他最早用的方法是将动物脂肪和牛奶、盐混合搅拌，然后冷冻，揉成团，包装起来。可惜，可怜的老伊波利特从来没有拿到奖金。雪上加霜的是，某些人意识到自己的金钱利益所在（可以这么说），迅速利用专利法的漏洞，把他发明的新的代食品（人造黄油）改头换面成自己的版本大规模生产，并成为现代工业巨头（后来人们用棕榈油代替了动物脂肪）。

梅热-穆里对脂肪的全部知识（也许还有他对自己发明的命名）都是来自于伟大的谢弗勒尔（Michel-Eugène Chevreul）。1889年当谢弗勒尔在102岁谢世时，法国宣布了一天的全国哀悼日，因为谢弗勒尔对脂肪和油的研究使这个世界更加明亮、更加芳香：他把制皂业变成精确的科学，并发明了更好的蜡烛。他还对法国的挂毯制造业作出了贡献。1824年他被任命为大哥白林挂毯厂的染色工艺指导（因为有机染料在纺织品上的作用与植物油有很大关系，而他是这方面的热门人物）。作为他对颜色研究的一部分[他的单词"人造黄油"（margarine）来自于希腊语"珍珠色的"(pearlcolored)],谢弗勒尔对感知颜色的原理产生浓厚兴趣,提出了"同时对比律"(Law of Simultaneous Contrast),定律说一种颜色的被感知与其周围的颜色有关。大哥白林挂毯厂的织工在抛出第一个梭子时就很可能已经观察到这种现象了,但是,据我所知,还没有人科学地考察过这件事。

只有一伙人(除了纺织工外)最关心谢弗勒尔发现的这一颜色并置定律:那是一位名叫修拉(Georges Seurat)的小伙子及其绘画伙伴们。如果把不同颜色的大量的小色块紧密并置在一起,会得到什么效果?这个想法使他们很兴奋。这就是艺术界所说的"点彩画法"。我觉得这样描述是过于简单,甚至有些冒犯了。1886年,修拉在其创作的(也是他创办的所谓"科学的"新印象派学校的伟大作品之一)《大碗岛夏天的周日午后》(un Dimanche d'été à la Grande Jatte)中展示了这种技巧,引起轰动。本文开头提到的那位妇女(在展览开幕式的香槟招待会上的那位,还记得吗?)所审视的是这种技巧的另一个例子。

最后一点,猜猜看修拉的祖籍在哪儿?香槟省*。

---

* 法国东北部一地区。——译者

6 留下你的印记

有一天晚上,我正在看电视新闻,看见一则消息说某人的身份被所谓"DNA指纹"技术鉴定了。电视屏幕上显示出人们现在所熟悉的、所有警匪片中都会出现的黑白斑纹。这一切都要感谢瑞典诺贝尔奖得主蒂斯留斯(Arne Tiselius),是他使得这一切有趣的事情成为可能。早在20世纪30年代,他就研究出如何使蛋白质分子按照它们的重量排列起来,其方法是把蛋白质分子放进凝胶里,然后用不同电荷轰击凝胶。蛋白质分子越重,移动距离越小。这就是电泳(electrophoresis)。

凝胶中蛋白质造成的差别很难辨认,用纹影摄影术(schlieren photography)就比较容易看清。这种技术利用光线穿过不同介质时的行为差异,连最微小的密度变化都能显现出来。如蛋白质含量不同的凝胶、湍流等。这就是为什么,从一开始,对于像冯·卡门(Theodore von Karman,在潮湿的天气里飞机起飞时,你有时能看见著名的冯·卡门涡旋翻卷着离开机翼)这样的气流迷而言,纹影摄影术也是一个巨大的成功。

冯·卡门的一位伙伴福克(Anthony Fokker)熟知冯·卡门及冯·卡门涡旋,有一种飞机以他的名字命名。福克制造了伟大的飞行器,实现了1926年首次横跨美国大陆的不间断飞行,一年以后又载着伯德(Byrd)首次穿越北极。除此之外,福克还有别的贡献。第一次世界大战中,德国人掌握了法国人的一项发明,福克把它变成一种巧妙的方法,使(飞机)

螺旋桨和机枪同步，这样战斗机王牌飞行员就不会把他们的螺旋桨打掉。有了这套新型系统，你只要对准飞机开火就行了。这套装置[在驾驶红色福克飞机的红男爵曼弗雷德·冯·李希霍芬(Manfred von Richthofen)这样的高手手中]非常成功，被称为"福克神鞭"(Fokker scourge)。

当时，机枪在别处也非常有效。尤其是当成千上万的步兵在进攻中受阻于带刺的铁丝网时，这些步兵就真的是坐着等死的鸭子。

神奇的新式坦克就是为了防止这种事发生，它爬过(并撞倒)带刺的铁丝网，为部队开辟一条道路。可笑的是开坦克的是原骑兵兵团的骑兵，因为美国战时缺马，才导致这种运动装甲的发明。当时大部分美国农家马都被征用于欧洲的运输大队，为男人们提供补给，而这时农场也缺少男劳力。在美国本土，马力和人力资源的缺乏促使一位名叫霍尔特

(Ben Holt)的人发明了一套全新的农业工具。因为在圣华金河谷(霍尔特当时所在的地方)，大片土地太泥泞，轮式车辆(有时甚至牲口)都无法行走。霍尔特发明了一种履带式拖拉机，让载重分散在其履带上。霍尔特的一位朋友说它像毛毛虫。下面讲的都是农业机械史。

大多数早期的"霍尔特斯"(Holts，履带式拖拉机)都卖给了第一次世界大战的协约国，它们受到军方注意，结果就变成了：坦克。霍尔特的早期拖拉机烧的是汽油，但后来他转向柴油发动机，并且非常成功。柴油发动机本身很成功，是

因为它运行起来比汽油发动机便宜,它可以冷启动,人们认为它几乎可以烧任何破烂(甚至有一种烧花生油的柴油机)。可能就是最后这个卖点使得柴油发动机首先赢得资金支持。因为从一开始,当霍尔特向人们谈论这种发动机时,他用的是神奇的字眼"煤"。

正是这种发动机的工作原理使得这一切成为可能。用柴油,你只要压缩气缸里的空气,使其温度上升到接近800℃。在活塞冲程顶端,当空气最热的时候,注入适量液体、气体或微粒,空气的高温使之燃烧。把活塞推下去,然后又开始新的周期。所以柴油发动机看起来好像它可以燃烧任何……(当然是)可燃物,如煤灰。1897年,有一个人听说了这件事,他就像是听到了一曲甜美的音乐。这个人就是在欧洲开了一家最大的钢铁厂,运营着几条铁路线,以及拥有为它们提供燃料的所有煤矿的弗里茨·克虏伯(Fritz Krupp)。

毫不奇怪,弗里茨的父亲艾尔弗雷德(Alfred,是他在19世纪初把这个公司做大的)对当时席卷工业社会的社会主义运动新风根本不喜欢。对他来讲,这意味着无政府无秩序。所以他提出一种办法,让他的工人们感到足够的快乐,使他们不想要工会那一类革命的玩意儿。他给工人们提供食堂、养老金、住房、公司运营的打折商店,甚至还有在家里穿的制服(你想,如果一个小子说"正如小鹿渴望清凉的小溪一样,我渴望规章制度",你还能指望他革命吗?)。

正是这种福利计划(以及他对树木的喜欢,对交际的不喜欢),使得他和当时管理普鲁士的朋友紧密联系起来。我猜这个人就是规章制度的化身。俾斯麦(Otto von Bismarck,他也喜欢树木,厌恶交际)和艾尔弗雷德·克虏伯好像是天生的一对儿。俾斯麦制造战争,艾尔弗雷德制造枪。俾斯麦也热心福利(他启动了第一个普遍退休金制度)和统计等一类东西,因为关于自由平均人的数据掌握得越多,就越能更好地规范人们的行为,从而增加国民生产总值(或更好地打仗)。俾斯麦表现出这种对平均人的爱好,是因为当时普鲁士统计局的头儿恩格尔(Ernst Engel)非常崇拜比利时天文学家、平均人概念的**发明者**:凯特莱(Alphonse Quételet)。

1835年在布鲁塞尔,凯特莱修正了天文学家用的一套数学模式(天文学家用它来计算某些天体的可能路径,因为对这些天体的观测很有限,不足以完全确定它们的运行轨迹),以使这套数学模式对人口统计有同样的功用。因为他相信,如果把这套数学模式应用于大量人口,可能发展出他所谓的"社会物理学"。这样你就能算出平均人所能达到的水平,并做出有统计意义的采样。当然这种方法比过去的计算方法好(例如,计算总人口时,用一个估计的平均家庭人数乘以家庭个数),因此这种方法吸引了像巴比奇(Charles Babbage)这样的数学大腕的兴趣。

他和凯特莱的加入促成了英国统计学会的成立,最终激发了一位名叫高尔顿(Francis Galton)的年轻人的兴趣,他要寻找一种能够把任何一个人从人群中指认出来的方法。他的研究结果就是发现了一种准确无误的方法,能够把一个人和其他人区分开,这就是指纹。在那天晚上我从电视上看到的DNA技术出现以前,指纹是基本的ID(身份标记)。

附笔:有讽刺意味的是(考虑到后来证明电泳对DNA的最初发现是多么重要),猜猜看高尔顿的表兄弟是谁?查尔斯·达尔文(Charles Darwin)。

7 种瓜得瓜，种豆得豆

回想当初，每当"阿波罗号"宇宙飞船升空，我都在黎明为BBC做报道，因此现在每当一架航天飞机返回地球被回收时，我都会回忆起那早已不在的"一次性用完便丢弃"的"土星V号"运载火箭时代。1973年的一次升空，一组宇航员登上了正在沿轨道运行的太空实验室（它本身就是用"阿波罗号"遗留物改造成的），在那次太空实验中，对关于日冕有黑子的问题取得了重大发现，这对有兴趣研究太阳风的人有重大意义。那当然是。

当然，当你想起"阿波罗号"时，你不可能不想起布劳恩（Werner von Braun），对不对？正是这位德国工程师使得这些非凡的"土星"运载火箭发射升空成为可能，因为（如他自己所言）他早期做过很多研制战时导弹（亦称"报复武器"）的实际工作，这些导弹以固定时间间隔和极高的速度从（德国的）佩讷明德对准英国（和我）发射。这些嗡嗡弹（"V"型飞弹）极难被打中。刚开始，高射机枪手需要发射2500发炮弹才能击中一个目标。后来（我代表英国感谢你：贝尔实验室）借助于M-9高射瞄准器，击落嗡嗡弹的平均成本下降到几百发炮弹，各方面成本显著下降（包括生命损失）。所有奥秘就在于奇妙的数学：运行一个反馈回路，不断地更新从雷达那里得到的关于目标最近位置的数据，从而能够非常准确地估计出目标的下一个位置，并指挥高射机枪指向那个地方。然后，开火。

整个这一套关于反馈的思想是从那些研究胃液等的人那里传到研究枪炮等的人那里的。自从19世纪中期葡萄酒产地博若莱的医生贝尔纳(Claude Bernard)首先注意到兔子的一些奇怪特性以来,生理学一直在研究身体的内在反馈平衡系统(例如:热—出汗,渴—喝水)。简单地说,如果一段时间不给兔子任何食物,小兔子们看来就得靠自己来生存(可以说是靠它们自己身体里的脂肪储蓄来生存),饮食的变化反映在尿液的混浊度方面。这引起了贝尔纳的进一步发现,如肝脏如何刚好分泌人体所缺乏的那么多的糖(或刚好不分泌人体所不需要的糖),进而他发现了那些为了保持现在所谓的体内平衡而发生的所有其他反应。

提醒一下,当贝尔纳等人正在用兔子以及狗、青蛙、鸭子、豚鼠和小老鼠做各种实验时,周围有很多人不高兴。有些实验,说实话,也许不一定不可避免。(贝尔纳说过"生命科学就像一个富丽堂皇的沙龙,阳光灿烂,但只能通过一个漫长而恐怖的厨房才能进入"。)贝尔纳的妻子实在忍受不了,离开了他,参加了反对活体解剖的组织。这个组织里有一位英国妇女金斯福德(Kingsford),她大部分时间呆在巴黎,想方设法用意念杀死贝尔纳[及其他名声显赫的生理学家,如因研究减压病而出名的贝尔(Paul Bert)]。

反对活体解剖组织最后被人误以为是救生协会运动。事实上，救生协会(Humane Society)自从18世纪就开始活动。他们根本就不是为了营救动物，仅仅是为了营救"显然的溺水者"，所有这些都是人。这些不幸者中很多人由于各种暧昧的原因，只不过是掉进了水里。但另外一些人被认为是"显然的溺水者"，在动机上是没有多大问题的。要成为合格的"显然的溺水者"，你必须做的是，当你的船触礁时，跳进浪涛汹涌的大海(所以你无处可去，只能游到对岸)，然后，靠着一点儿运气，被救生协会的一个分支机构"船只失事协会"(Shipwreck Institution，1824年成立)营救。

这个协会为什么会有这些软木救生船和救生员？是因为当时出事的船只大大多于安全抵达港口的船只。由于工业革命，大量货物飘洋过海(成吨的成品运往一个方向，成吨的原材料驶往另一个方向)，因此当人们的船只没有正常归来时，钱财的损失是前所未有的。所以才有了这一切忙乎和软木救生设备。

19世纪后半叶这种情况更加严重。这时一位名叫莫里(Matthew Maury)的美国海军军官说服几百艘船只的航海者定时记录海风、气压、气温以及海流(并把日志寄给他)。他还说服他们每天往海里扔一些(封好的)瓶子，内装一些写有他们所在经度、纬度和日期的小纸片。一旦小瓶子被其他船只捡到，他们也同样这样做。结果，莫里收集到了多得数不清的关于海风和海流状况的详细信息，最终使他出版了著名的《航行指南》(Sailing Directions)。这些信息勾勒出了可以称为海上高速公路的路线图，指出从任何地点A到任何地点B的最快(最便宜的)航道。这也为带上你的货物航行去外国给出了另一个很好的理由。不过，如我曾说的，沉船很可能发生。

莫里关于风和水流的知识的另一个来源是法国物理学家傅科(J. B. L. Foucault)，他几年以前发明了一个神奇的摆，这个摆吊在一根很长的绳子上，它证明了地球确实在转动。随着这个（惯性）摆来回摇摆，显然每一次摆动的轨迹在变化（在北半球，顺时针方向；在南半球，逆时针方向）。这件事告诉莫里这样的人，随着地球表面的旋转，在北半球，从赤道刮来的风向东偏转（在南半球则相反）。

傅科对惯性的研究，也导致他研究受地球旋转影响的另一件事情。有关的问题是：由于地球自转，天文学家和天文望远镜以相当快的速度嗖嗖转动（在天文观察上，可没有其他的意思哦*），这让人很难盯住恒星和星际物质（这同争看娱乐界明星毕竟不是一回事），这样天文学家的日子不那么好过了。于是，傅科发明了一个有发条装置的小玩意（定星镜），其中有一面镜子沿着与地球自转方向相反的方向旋转，每24小时转360度。这使得这面镜子恒定地指向一个天体目标，从而人们就可以毫无顾虑地仔细研究镜子中的映像。这也使傅科在1845年更加容易做他的下一个小玩意儿。它是利用新的达盖尔银版照相机拍摄各种天体的照片，现在这些天体可以长时间呆在取景框里，允许你从容照相了。这一绝妙方法在各地观望星辰者中获得巨大成功，因为有了星空图，你就可以做很多事情（例如数星星，或让照相板过度曝光，从而看见更多星星）。

在德国的柯尼希斯贝格，1851年的日食期间，一位职业摄影师贝尔科夫斯基（Berkowski）用同一技术拍摄下来的第一张日食现象的照片，这正是122年以后，太空实验室的宇航员在轨道上研究的现象：日冕。

这印证了在充满联系（和轨迹）的世界里，种瓜得瓜，种豆得豆。

---

* 这是一句俏皮话，因为"以相当快的速度嗖嗖转动"，原文为 were whizzing around at a fair lick，也可勉强理解为"狠狠地舔上一舔，舔得到处嘶嘶作响"。——译者

8 甜蜜的梦

我的工作有一个不太有趣的地方,就是不得不经常飞红眼航班。如果哪家航空公司供应催眠的热巧克力,我就买它的票。

我就这样在一天夜里,在飞机的轰鸣声中起飞了,嘴里喝着东西,脑子里想着医生汉斯·斯隆爵士(Dr. Sir Hans Sloane)。这位18世纪的博学者帮助建立了大英博物馆,我的绝大多数研究都是在那里做的。他收藏的2500多种植物、动物和各种大事记最终变成大英博物馆的核心收藏。而且正是斯隆(当他1688年作为牙买加总督的私人医生时)发现巧克力和热牛奶的混合有益健康且有催眠效果。

1715年,斯隆回到英国,为当时伟大的才貌双全的文学才女玛丽·沃特利·蒙塔古(Mary Wortley Montagu)女士治病,她正患天花(她最后眼睫毛都脱落了,脸上全是麻点)。第二年,玛丽女士随她的不称职的大使丈夫搬到了土耳其,看见了当地人是怎样对付天花的(接种疫苗)。她用土耳其的处理方法给自己的儿子接种了疫苗,然后回到英国,说服王室成员为他们自己的孩子接种。在斯隆的积极协助下,所有其他人也接种了疫苗。

1736年,玛丽女士发现自己不幸被意大利科学家阿尔加罗蒂(Francesco Algarotti)吸引住了(正如其他贵族男女一样)。阿尔加罗蒂是两性人,年龄是她的一半,他当时正在伦敦访问,为女性读者重写牛顿(Isaac

Newton)的著作。阿尔加罗蒂和玛丽无法抗拒地相爱了。唔,是她坠入了爱河。玛丽女士单恋了三年之后,动身去意大利换换环境,行前约阿尔加罗蒂秘密相见一次。当然他没有赴约,而是去普鲁士当宫廷总管[普鲁士皇储腓特烈(Frederick)很显然也迷恋上了他,这点从他走到哪里都称阿尔加罗蒂为"帕多瓦的天鹅"可以看出]。

阿尔加罗蒂是那种攀高枝的人(你已经注意到),因此当他对牛顿的兴趣能使他得到一丁点儿社会邀请时,他心里一定乐坏了,尽管这种邀请像秃子的头发一样少。住在香槟省大庄园里,深居简出的哲学家阿鲁埃(François-Marie Arouet)——就是伏尔泰(Voltaire)——正和他的思想情人夏特莱侯爵夫人埃米莉(Emilie)在那里隐居(当时法国国家安全警察正在追踪他,因为他犯了说英国的政治体制比法国好这样的轻罪)。他们两位每人都在写一部牛顿的书[他写的是面向外行读者的一般性的书;而她写的是要求较高的对《自然哲学的数学原理》(Principia Mathematica)的评论]。

伏尔泰刚好是阿尔加罗蒂的好友——意大利牧师实验家斯帕兰扎尼(Lazzaro Spallanzani)——的崇拜者,斯帕兰扎尼[比巴斯德(Pasteur)早100年]注意到密封容器中不会发生腐烂。他还研究过扁平的石子如何擦过水面跳跃,他曾爬进火山口,驾驶木筏跳进漩涡,他还切断过成千上万只蠕虫、蜗牛、蝾螈和蝌蚪,检验它们的再生能力。他报告了首例对长毛狗的人工授精。最重要的,斯帕兰扎尼严厉抨击了当时盛行的关于生命的自然发生说(即蛆来自腐烂的肉,老鼠来自腐败的奶酪,等等),结果他在科学机构里树敌颇多。斯帕兰扎尼游历范围广,名声显赫,以至于有一套令人毛骨悚然的伪科学故事丛书(里面写的全是疯子、机器人和幽灵等等),其中一本书里的精灵就以他为原型。这套丛书写于1815年左右,作者是柏林的一位律师,丛书的名字就是用了作者自己的名字,即《霍夫曼的故事》(Tales of Hoffmann)。

除了让他的故事片断被柴可夫斯基(Tchaikovsky)、德立勃(Delibes)、奥芬巴赫(Offenbach)和瓦格纳(Wagner)这样的歌剧名流窃取之外,霍夫曼(E. T. M. Hoffmann)出名的另一个主要原因是他曾为一个泛日耳曼主义的自由狂热分子雅恩(Friedrich Jahn)辩护。当时德国刚刚被法国打败,德国大学生成群结队地走上街头游行,呼吁统一的德国、言论自由、民主和其他类似这样的危险诉求。雅恩被送上法庭,是因为这些危险的激昂的痛骂和狂言大多源自他的思想。还有体操,雅恩认为它是保证德国年轻人身体强壮、纪律严明、能够面对"未来挑战"的唯一途径。审判了雅恩之后,他的追随者受到镇压,官方的理由是体操可能危及国家安全。

1819年出了一件引人注目的刺杀事件。一位著名官方人物科策比(August Kotzebue)被雅恩的一个信徒刺杀,从此新闻自由被废除,所有大学被国家接管。另一位雅恩的信徒、体格健壮的自由主义者福伦(Karl Follen,有人怀疑他是刺杀科策比的人的密友)逃到了哈佛,在那里他开办了美国第一所大学体操馆,所有人开始了健身。到了1851年,德-美体操非常普及,以至于100个体操俱乐部联合组成了社会主义体操运动员联盟(Socialist Gymnasts' League),并被政府选定要在林肯

(Lincoln)1861年就职演说中为林肯提供贴身警卫。当基督教青年会（YMCA，Young Men's Christian Association）把身体健康作为它的一条基本原则，并建立了几个最早的公共体育馆（最终发明了体育馆内的篮球活动）后，德国体操在美国大受欢迎。

YMCA运动早在1855年在巴黎召开的一次世界大会上就奠定了它的国际性。这次聚会是瑞士自由论者和基督教福音传教士杜南（Jean-Henri Dunant）的主意，他是YMCA宪章的主要作者。1859年杜南刚好在意大利目击了一天的索尔费里诺战役（人们过去常常在比邻战场的山头上吃野餐，观看大屠杀）。杜南看到6000伤员的情况，感到心惊胆战，他召集了300名本地人和观战旅游者，连夜用一桶桶水为伤员洗伤口。1862年他出版了一本书《回忆索尔费里诺》（Memories of Solferino），这直接导致了红十字会的成立。到了19世纪末，红十字会会员出现在每一个战场，除了输血以外什么都干（伤员可能最需要的是输血，但是当时人们发现输血往往是在杀人而不是救人）。

1909年维也纳免疫学家兰德施泰纳（Karl Landsteiner）发现了4种主要血型：A型、B型、O型和AB型，这才使输血成为可能。在发现血型的过程中，他还引入皮下注射使外科手术发生了革命性的变化。1922年兰德施泰纳来到纽约洛克菲勒医学研究所工作，1930年因为他的血型研究工作获得了诺贝尔奖。

同年，在同一研究所，另一位诺贝尔奖获得者（兼外科手术缝合专家）卡雷尔（Alexis Carrel，一位法国移民外科医生，他发明了新的缝合技术，使得血管外科手术发生了根本性变化），使器官移植工作向前迈出了一大步（兰德施泰纳关于血型匹配的发现在其中的作用是很关键的）。成功来自于卡雷尔与一位小伙子的合作。这位小伙子的妻姐心脏瓣膜有毛病，无法动手术，因为当时没有办法在手术过程中维持病人的血液循环。有人把这位小伙子介绍给卡雷尔，他俩合作得非常理想。过了几年，这位小伙子为卡雷尔成功开发了一种新型灌注泵，这种泵用压缩气体保持必需的体液的连续循环。1938年这两个人都成为《时代周刊》(*Time*)的封面人物。

当然，这个泵的发明者早已习惯了媒体的宣传，因为他已经世界闻名了。他就是林白（Charles Lindbergh），1929年第一个飞越大西洋的人，也是他使得本文开头提到的我在上面打盹的飞行航班成为可能。

但愿你不要打盹。

9 挥舞星条旗

几个星期前,在华盛顿特区的一次庆祝仪式上,我抬头仰望星条旗,脑子里想,假如美国革命(对不起,是美国独立战争)发生时,诺思勋爵(Lord North)没有外出去度周末,事情会发生什么变化。大概,不会有什么变化,因为法国的资金支持早就决定了美国最终必将成为美国,主要原因是,如果说(除了美餐和美酒)还有什么法国人想要的,那就是把英国人痛快地嘲弄一番。

这一大西洋彼岸的投机是由多才多艺的博马舍(Caron de Beaumarchais)一手策划的,他是蓬帕杜尔夫人(Madame de Pompadour)的钟表匠,而且是受到最不公正待遇的法国剧院的作家[他写过《塞维利亚的理发师》(The Barber of Seville)和《费加罗的婚礼》(The Marriage of Figaro),分别被罗西尼(Rossini)和莫扎特(Mozart)剽窃]。作为间谍头子,博马舍是中央情报局之前的中央情报局。1775年,他身负秘密使命前往伦敦,回国后报告说,英国对美国的控制正在减弱,建议路易十五(Louis XV)采取措施进一步削弱它。于是路易让博马舍负责这整个阴谋,包括建立一家虚假公司罗德里居和奥尔塔尔公司,为法国给美国的造反者(对不起,是爱国者)的资金洗钱,并包租一个船队把武器、弹药、制服和"顾问"利用夜间运到美国东海岸,这一切就发生在英国人的眼皮底下。正如我提到过的,这一切进行得太有效了,让美国获得了自由,让法国破

了产。其结果,法国也有点解体了,然后法国自己也发生了革命,尽管路易十六(Louis XVI)的财务总管内克尔(Jacques Necker)尽了最大的努力。他编书几乎使所有人都相信国家的经济并非真的彻底完蛋了。但只是"几乎"而已。

早在1776年,内克尔在法国南部主管埃罗省时,一位年轻的瑞士发明人曾带着他的新的提纯方法找他。他就是阿尔冈(Aimé Argand),几年以后的1780年,他发明的一种新型油灯给世界带来了光明。这种灯有一个环形中空的灯芯,并有一种办法让空气流通从而保持火焰明亮,再用一个玻璃灯罩保持火焰的稳定。这种灯能发出相当于8支蜡烛的光亮,很快便用于灯塔附近的救生,为伯明翰的博尔顿(Boulton)和瓦特(Watt)工厂的夜班工人照明,并曾(在1785年2月)使伦敦竹瑞街剧院(Drury Lane Theater)的观众大吃一惊。

在舞台下放脚灯的想法是此前不久竹瑞街剧院的演员经理加里克(David Garrick)的首创,他对莎士比亚的令人惊异的饰演带给观众一种现代的、现实主义的表演风格,而且深深打动了年轻的奥地利女画家考夫曼(Angela Kauffman)。她与加里克可能有过那种风流韵事,而且她肯定画过他的肖像,而且还画过几乎所有英国其他著名人士的肖像。考夫曼刚刚从罗马来到伦敦,带着新潮的新古典主义的清新,她和她的新型绘画风格席卷英国,虽然还不到飓风的程度。1773年,她申请为克里斯托弗·雷恩爵士(Sir Christopher Wren)的杰作圣保罗大教堂作装饰时,因为她是外国人,又是天主教徒,对不起,不行,谢谢!

对这件事，雷恩本人肯定没有过问。他是英国圣公会的高教会派，实际上是个天主教徒。他还是那种全智全能的人之一，尽管人们说这种人并没有真正存在过。可能的确是不存在，但雷恩的学问涉及领域是很宽的。除了发明复写钢笔和车辆里程表以外，他在数学、大气压力研究、建筑学、考古学、勘探、科学图示和城市规划等方面都是专家。他还完成了一项与儒略周期（Julian Period）有关的代数学工作，是他在年轻时写成的。

这一周期（关于它我所知甚少）是伟大的新历的基础，是1583年法国学者和逍遥派新教的流亡者斯卡利杰尔（Joseph Justus Scaliger）构想出来的。所有历史事件都可以纳入到这个周期里，因为它为全部时间提供了一个巨大的年表。重要之处在于，这将有助于历史学家对日期有一个共识，而不必为参照当地时间而发生争论，如"国王统治的第10个年头"或"大洪水泛滥10天以后"或"修道院新院长到任的那一天"。

斯卡利杰尔是这样计算他的周期的：用太阳周期28年（在儒略历中，每个日期是一星期7天中的星期几，以28年为周期循环重复），乘以月亮周期19年（根据儒略历，各种月相出现在星期几，以19年为周期循环重复），再乘以"财政"周期15年［根据戴克里先（Diocletian，罗马皇帝）的税收统计周期］。我说过我不懂这个。把这些数乘起来得到7980，斯卡利杰尔推算出所有这三个周期的最近一次重合发生在公元前4713年1月1日（因此那一天就是他的周期最近一次开始的日子）。所以这一天就是斯卡利杰尔的明确的"第一天"，所有日期都可以根据这一天用一种统一的方式计算出来。如果你懂这个，请给我写信。

斯卡利杰尔是在著名的加尔文主义日内瓦研究院学到这些东西的。他在那里时，从没见过卡索邦（Isaac Casaubon），但后来他们俩（通过上千封书信来往）建立了学者式的永恒的友谊。起先他们讨论的问题涉及希腊和拉丁语手稿，后来又涉及学术的方方面面。卡索邦在日内瓦时,于1556年与弗洛朗斯(Florence)结了婚(他们有18个孩子)。弗洛朗斯是欧洲最伟大的编辑之一亨利·艾蒂安(Henri Estienne)的女儿,亨利·艾蒂安一家从16世纪初就是印刷业世家,从他祖父1502年开了一家巴黎印刷厂开始,就从事印刷行业。亨利·艾蒂安发现、翻译、并于1554年印刷了公元前6世纪希腊诗人阿那克里翁(Anacreon)的作品,从此一举成名。阿那克里翁主要写色情诗和饮酒歌。

亨利·艾蒂安的译作风靡了整个欧洲。到了18世纪,伦敦富有的爱寻欢作乐的人非常熟悉且喜爱阿那克里翁的诗,1776年他们成立了一个俱乐部,以诗人的名字命名为"阿那克里翁社",宗旨是:每两周聚会一次,喝酒,唱歌。合唱团就是这样开始的。不管怎么说,这个组织有一位成员是现在早已被忘却的歌手和作曲家[用易记的名字约翰·史密斯(John Smith)来称呼他]。当大家决定社团应该有一首信号曲时,史密斯吹着口哨作出一曲,名曰《天堂里的阿那克里翁》(Anacreon in Heaven)。

很快所有人都会哼这首曲子了,从伦敦城里彻夜不归、醉醺醺的花花公子,到巴尔的摩市一位神经紧张的年轻美国律师,他在外面度过了紧张的一夜,从而得以幸免于难。原来,1814年9月13日是一个不平凡之夜,英国人向麦克亨利要塞发射了1800发炮弹。刚才谈到的那位律师正离岸在船上观察,他被眼前的事件所震撼,匆忙在一张信封的背面写下了一首歌纪念此事,并用史密斯的曲子《天堂里的阿那克里翁》为之谱曲。今天,这首歌就是几个星期前我在华盛顿特区仰望星条旗时听到的那首歌。

基(Francis Scott Key)给史密斯的曲子起了一个新名字:《星条旗永不落》(The Star Spangled Banner)。

现在灵感渐渐消失,我的短文到此结束。

10 丝绸之旅

17世纪中期,北欧仅有少数几个地方能够买到高质量丝绸,其中之一是伦敦的斯皮特尔菲尔兹(Spitalfields)。1668年一位荷兰布商托尼松(Anthoni Thonisoon)到那里去看最新的英国设计。当偶然看见放大的丝绸纤维纹理时,他很吃惊,其放大程度是他平时用来检查布匹的布商专用眼镜所不可能达到的。

有感于这一令人惊异的发现,他回到家乡代尔夫特,改名为列文虎克(van Leeuwenhoek),做起磨镜片的活儿(相当于当今计算机软件设计的活儿),并开始混迹于当地科学家名流。1676年圣诞节,他写了一封长信给英国皇家学会,内含透过他的500倍放大镜看到的微小物体的图片,这一研究工作来得太突然,震惊了皇家学会。

令人震惊的是他说这些物体看起来像是活的。人们第一次看到轮虫及其舞动的纤毛,原生动物细胞分裂,头发从发根冒出来,游动的精子,以及据列文虎克估计3000万个才相当于一颗沙粒那么大的微生物。一个新世界开始向科学展露面容。

对一位路过荷兰的德国人来说,这些小生物是"众生序列"(Great Chain of Being)理论的证明。该理论认为,所有生命形式,从最简单的黏液细菌一直到人类,都被上帝设计在一个一级比一级复杂的物种序列上,每个物种在这个物种序列尺度上与其相邻物种仅仅相差无限小等级。这个德国人,就是莱布尼茨(Gottfried Leibniz)。他在研究微观无穷小世界方面有既得利益,因为他刚刚研究出一种无穷小微积分,用它来算出行星的加速度。莱布尼茨1678年访问代尔夫特时看到列文虎克的微生物,认为这证明了物种之间的差别可能非常小,以至于"不可能靠感觉和想象来准确地确定一个物种从哪里开始或在哪里结束"。

莱布尼茨理论的基础是,认为存在无穷小的基本单元[他称之为"单子"(monad)]构成万物的基础。这个理论似乎形成了18世纪人们一直在寻觅的统一基础(unversal substrate)。当时卢梭(Jean-Jacques Rousseau)提倡回归到"高贵野蛮人"(noble savage)的生活,对工业革命带来的社会效应一般不抱幻想,这两点都促使人们去寻找一种方式使人与自然重新统一。莱布尼茨理论就是随这样的历史环境而来的。在德国城市耶拿——这一新浪漫主义生活观的温床——谢林(Friedrich von Schelling)的"永恒自然法则论"(naturphilosophie)把最新的科学发现(正负两极、正负电荷以及酸碱基)纳入到一个统一的关于自然的理论当中,其中包括相互冲突的力的动力学分解等。

正是在1820年,丹麦假发商学徒奥斯特(Hans Christian Oersted)试图把这一"冲突"观点应用于电磁现象,他给一根电线加载了他以为比它能够携带的更多的电。这根电线开始发光,这使奥斯特相信电和光一定有联系。于是他继续扩展他的研究,并发现电流会影响磁针。

21年之后,这一电磁原理使莫尔斯(还有其他人)开发了电报。1842年,莫尔斯为科耳特(Sam Colt,因发明左轮手枪而出名)提供了引爆科耳特的新型水雷的一种手段。通过在波托马克河上把一艘船炸上天,给泰勒(Tyler)总统演示了其有效性。科耳特的另一个目的是给也对水雷有兴趣的俄国人留下一个深刻印象。但因为科耳特不愿意详细解释其引爆过程的工作原理,俄国人转而向一位瑞典人伊曼纽尔·诺贝尔(Immanuel Nobel)*签订合同。诺贝尔的水雷无需电信号引爆,当船体撞上诺贝尔水雷时,撞击使一个铅罩扭曲,打碎水雷里面的玻璃管,释放出里面的硫酸,与钾和糖混合在一起,产生火苗,点燃火药。

在克里米亚战争中,俄国人把这些新式诺贝尔水雷部署在塞瓦斯托波尔港口,迫使同盟国军队后勤舰队在港口以外抛锚。这导致这些船只不幸暴露在1854年11月14日的特大飓风面前,整个舰队沉没,一起沉没的是岸上部队的冬天补给。随之而来的冬天困苦可怕,南丁格尔(Florence Nightingale)随后的调查迫使英国政府倒台,并促成了红十字会的建立。

但是最具有长远影响的是损失了"亨利四世号"战舰这一法国海军的骄傲。灾难发生的第二天,法国皇帝拿破仑三世呼吁在全国建立天气预报服务。到了1860年,全欧洲每天都用电报发送天气报告。气象学方面的主要人物之一是一位年轻的美国海军军官莫里,他经过9年多的时间,整理了全美国收集来的天气报告,积累了相当于100万天的观察记录。从这些观察结果,他能够证明风暴要么走圆形要么走椭圆形。

到了20世纪30年代,美国气象局已经收集了70多年的数据资料,但还没有人去分析这些资料。于是一位年轻的物理教师莫奇利(John Mauchly)决定试一试这个任务。问题在于:用传统方法分析这些海量数据需要多长时间?莫奇利发现,研究宇宙射线的研究人员用一个真空管计算粒子个数。亚原子的撞击使真空管通导或关闭,每秒钟最多10万次。莫奇利意识到真空管可以作为数据存贮装置,使计算工作自动化。

还没等他继续发展这一想法,第二次世界大战爆发了。莫奇利应征入伍,很快发现了另一个需时太长以致不能解决的数学难题。这就是计算火炮表,用于指示炮兵在各种条件下如何瞄准发射。战争初期在马里

---

* 阿尔弗雷德·诺贝尔(Alfred Nobel,人们根据他的遗嘱以其遗产的一部分设立了诺贝尔奖金)的父亲。——译者

兰州阿伯丁的美国弹道研究实验室,几十位女数学家24小时连续工作,需要30天才能完成一门大炮的一张火炮表的计算(一条弹道轨迹需要750次乘法,典型的一门大炮的一张火炮表需要计算3000条轨迹)。到1942年,这个实验室被要求一个星期计算出6张新的火炮表,所以情况非常严峻。

莫奇利提出他的真空管计算的想法,军队接受了。计算过程就是让10个一组的真空管开或关,让每10个开关状态组表示一个数。莫奇利的机器1946年开始运行,已经来不及服务于战争了,但还来得及计算如何使原子弹爆炸。这台机器被称为ENIAC(Electronic Numerical Integrator and Calculator,电子数字积分器和计算器),实际上是世界上第一台电子"计算机",称它为ENIAC,是为纪念阿伯丁的女数学家们*。

ENIAC是用穿孔卡片输入数据的。它的一个改进型由霍勒里斯(Herman Hollerith)用在美国1890年人口普查中。这个改进型是他在纺织行业的姐夫建议的,他姐夫知道有一种自动纺织系统是用弹簧钩压住穿孔的纸,这个钩子会穿过有孔的地方并挑出一根线。霍勒里斯用通电的电线代替钩子,用卡片代替纸。一个孔代表一条人口普查数据,当电线穿过一个孔时,就接触一下电源,使刻度盘向前移一个数字。这一系统大大加速了人口普查进展,计算62 947 714个美国人只花了以前人口普查(人口还少得多)的1/20的时间。

经霍勒里斯改进的那种纺织技术,以前是用于自动化生产一种织品的,制造这种织品的材料极其昂贵,以致不能出丝毫差错。这种织品就是:闪光绸。

---

* ENIAC按其发音似可作为女性的一个名字。——译者

11 油用完了

我最近去瑞士休假了几天。我沿着日内瓦湖畔开车,突然我租用的汽车告诉我它该加油了。现在的事情就是这样,汽车会说话这类事已经不会让我觉得像科幻小说那样离奇了。具讽刺意味的是,当时我正经过迪奥达蒂别墅(Villa Diodati),这是另一位英国度假者发明这种文学体裁的地方。

回到1816年,玛丽·雪莱(Mary Shelley)和她的诗人情人珀西·雪莱(Percy Shelley)正呆在这个别墅,吸着毒品,度过一段不平常的时光(他们第二年结婚),同在一起的还有他们的新朋友拜伦勋爵(Lord Byron)和他年轻的情人[玛丽的同父异母妹妹简(Jane)]。一天晚上,晚餐的话题转到如何使死尸复活,是否能用零件组装出人造的人,以及令人震惊的谣言,说尊敬的伊拉斯谟·达尔文(Erasmus Darwin)*显然已经给细面条"通了电",使它们变活了。唔,谁知是真是假呢?那些科学怪人正在开始胡乱摆弄宇宙的基本力,何时是个尽头儿!于是,玛丽,可能也受到她正在读的戴维(Humphrey Davy)的化学讲稿的影响(戴维评论说,有一天科学家将有能力发现自然的内在秘密),决定写一篇警世故事,讲述一位年轻的瑞士傻冒维克托(Victor),他的化学、生理学和电学的混合实验出

---

* 查尔斯·达尔文的爷爷。——译者

了可怕的差错,制造出了一个维克托控制不了的魔鬼。我敢肯定你一定看过由这个故事改编的电影,我最喜欢卡洛夫(Karloff)的版本。

玛丽的技术恐惧症很多来自她的爸爸戈德温(William Godwin)——小说家、前传道士、社会主义的奠基人和政治领袖——以及其他像柯尔律治和兰姆(Charles Lamb)这样的左翼人士。戈德温(和许多信奉他的浪漫分子)认为工业革命的到来使各处都呈现新的工厂生活方式,其主宰一切的机器利用极端恶劣和不自然的管理方式,包括上下班打考勤卡、固定工资和轮班,使(那些刚刚离开田园诗般的农村生活,来到迅速膨胀的城市里的)工人退化。戈德温写了长篇手稿,论述个人会被环境以这种方式(畸形)塑造成什么样,以及工业的目标为什么不应该是大规模生产和大型城市,而应该是建立以人为本的分散的人人平等的社区。所有这些,远比任何来自芝加哥的人说的"小即美"要早得多。

戈德温的最忠诚的狂热追随者之一是一位年轻的威尔士人罗伯特·欧文(Robert Owen),他后来把戈德温的理论推进了一步。罗伯特·欧文是曼彻斯特一家纺纱厂的主管,他一定看到了工厂生活最糟糕的一面。而且我还没有指出,尽管机器给我们现代社会的每个人带来了所有物民主,但是不能忘记,消费主义的快乐是以19世纪初期工业城市中极端恶劣的生活和工作条件为代价的。

1800年罗伯特·欧文和其他人共同拥有一家纺织厂,这家厂坐落在克莱德河畔以水力为动力的工业区新拉纳克。这是苏格兰最大的单一制造业企业,2/3的机器操作员都是孤儿。那时工厂雇佣贫穷孩子被认为是真正的公益性好事,这在现代读者听起来可能非常奇怪,因为这些小孩子如果不被工厂雇佣,他们就会挨饿、犯罪甚至更糟。这就是为什么当罗伯特·欧文和他的伙伴接管新拉纳克之后——以当时标准来看,那里已经是一个危险的自由主义者之地了——孩子们床上的草每个月换一次,每天工作以后有2个小时的上课时间,他们的衣服每2个星期洗一次，一张床上只睡3个人，一间房仅住75人。

罗伯特·欧文把这个地方变成了社会主义的乌托邦，工间休息时有音乐和跳舞，有一个"品质培养学院"（Institute for the Formation of Character），有公司开的商店、食堂。他还把工作时间提高到了14个小时。到1824年，这些自由论思想流行起来，罗伯特·欧文成为全国劳工运动的领头人，曾和一些崇拜者亲切交谈，其中包括俄国的尼古拉斯大公（Grand Duke Nicholas）、改革者边沁（Jeremy Bentham），以及坎特伯雷大主教，并在印第安纳州新哈莫尼建立了一个共产主义村。原先把新拉纳克卖给罗伯特·欧文的人（也就是把自己的女儿嫁给罗伯特·欧文的人）是戴尔（David Dale），他是一个成功的纺织生产商，结婚以后进入银行业。他仅有的少数失败之一是在一家苏格兰棉厂与乔治·马金托什（George Macintosh）的合作。

1777年乔治·马金托什正制造一种红色染料，称为地衣紫。主要成分有：氨水（他从朋友和工厂工人的尿液收集而来）和苔藓（适当的时候，他会从苏格兰高地挖一些来，大部分情况下都是从斯堪的纳维亚半岛和撒丁岛进口）。地衣紫是一种用墨西哥进口的胭脂虫制成的昂贵颜料的廉价替代物，另一个关于地衣紫颜料的事实是碱会使之变蓝，而酸会使之变红。听起来好像有点熟，是不是？纸染色工称它为"石蕊试纸"。

也许是地衣紫和氨水的联系，使得乔治的儿子查尔斯（Charles）于1819年同格拉斯哥煤气厂打交道，他做成了一笔买卖，搞到了这个煤气厂扔掉的所有煤焦油。煤焦油是煤气生产的副产品，烧煤的时候会释放出来。那是个不讲究生态保护的时代，煤焦油成吨地被随意倒在采石场、河流和池塘里。查尔斯·马金托什从这一堆恶臭难闻的（而且当时实际是免费的）油腻的脏东西里提炼出了氨水，用于制造地衣紫颜料（氨水产量如今已远远超出尿液，人们提供尿液本出自好意，但很有限）。他还发现了煤焦油中的另一种化学物质——石脑油，这将改变下雨天人们的生活。查尔斯发现它能溶解橡胶。1822年他注册了一个专利之后,将这样的液态橡胶夹在两层棉纱之间而发明了雨衣[至今,英国人仍然称雨衣为"马金托什"(mackintosh),只不过拼写错了而已]。

查尔斯·马金托什发现从垃圾里能赚到下雨天的钱之后不久,德国化学家霍夫曼(von Hoffman)获得了他的煤焦油研究的博士学位。随着人们发现如此腥腥的垃圾堆竟有这么高的学术价值,一系列更多的实验开始了。1845年霍夫曼被任命为新的伦敦皇家化学学院院长。1856年他的学生柏琴(William Perkin)在煤焦油里发现了第一种人造苯胺染料(苯胺紫)。他是在试图制造人造奎宁的时候发现苯胺紫的,但这是另一个故事了。

与此同时,在德国,霍夫曼的同事伦格(Runge)也在对煤焦油做实验,提炼出了杂酚,这就挽救了美国的森林资源,因为它能防止铁轨枕木腐朽,从而不需要频繁更换枕木。杂酚不但能防止木材腐烂,后来发现它也能防止其他东西腐烂。1857年在英格兰的卡莱尔,人们把杂酚的另一种形式石炭酸和污水混合用来防腐。8年后,爱丁堡的外科教授利斯特(Joseph Lister)听说了这个窍门,就到附近的格拉斯哥大学的化学实验室搞到了一点石炭酸,和石蜡混合起来。有了这个武器,利斯特迈出了不可思议的一步——他有意识地把没有生命危险的有创骨折处的皮肤切开,进行手术。当以往致命的化脓发生时,利斯特快速涂抹上他的石炭酸——这被人看成是废料的东西,然后奇迹般地,病人存活了。

一年以后,利斯特在他的外科手术室里喷射一种石炭酸雾汽,从而实现了新的大胆的程序。这一抗菌的主意变得很流行,他甚至给维多利亚女王也用了这一方法(她有过一个脓肿)。紧接着,(喜欢讲笑话的)外科医生们跳进手术室时会大声叫着"喷!"。(过去,希望外科手术成功的唯一方式是祈求上帝,这一行业的另一个标准笑话是"手术做得很好,但病人死了"。)喷雾法很快用于局部麻醉,也用在香水瓶子上。

到了1883年,一位叫梅巴赫(Wilhelm Maybach)的德国工程师与以前的枪炮工朋友合作,用新的方法喷雾,真正改变了这个世界的运行方式。梅巴赫用喷雾技术把汽油变成了细细的雾,从而在活塞汽缸内更容易被点燃,驱动汽缸上下移动。装有这玩意儿的机器的其他部分最后是以一个女孩的名字命名的(公司的销售主管的女儿),梅巴赫的合作伙伴最喜欢她。这位合作伙伴就是戴姆勒(Daimler),这女孩名叫梅塞德斯(Mercedes)。

我想,梅巴赫的化油器最终导致我沿着日内瓦湖畔开车,并把油用完了。同样,本文也该结束了。

12 普通人

前几天，我又看到了那句名言："我们站在巨人的肩膀上。"这句话是罗吉尔·培根（Roger Bacon）在13世纪描述技术进步过程时说的（从此被像我这样的人滥用）。也许这句话是对的，但我想证明的是，普通人也起到了一定的作用。

我脑子里想到一个悲剧性人物，英国的古怪人原型、18世纪英国舰队司令，大名叫克劳兹利·肖维尔爵士（Sir Cloudesley Shovel）。肖维尔有两件事在伟大的技术变革中占有一席之地，值得说一说。一个是他发明了"肖维尔假发"，这是一种底部特别满特别大的假发，当时人们说它"别提多像头上顶着一块大面包了"。肖维尔假发非常昂贵，而且维护费用高昂，因此拥有这种假发的富人被称为"大假发"。

更让肖维尔有名的是他的死，他是被淹死的。他死得非常壮烈，以至于引发了一系列事件，最终产生出很关键的技术产品，没有它现代社会就不会这么美好。

肖维尔死于1707年一个天气恶劣之夜，当时他正把舰队从直布罗陀带回英格兰。尽管不知道自己所在方位，而且周围全是浓雾，但他仍继续向前，冒死往家赶。不幸的是他离家有点太近了（即英格兰西南海岸），结果撞上了岩石。所有一切都沉到海底：舰队、2000名海员，以及肖维尔本人。

当时，有太多的船只因为像这样迷路而沉没。但是有待开发的美洲殖民地能带来丰厚的利益，这正是投资者把钱投入到永不沉没的跨大西洋航线上的好时机。于是，如果谁能想出往返两岸的更安全的方法，他就能得到一大笔奖金。1765年钟表匠哈里森(John Harrison)拿出了一个及时的解决方案。

在航行方面，这个问题在于：在一个自转速度(在赤道上)相当于每4分钟60英里(1弧度)的行星上，向西驶离母港，每走60英里，正午时间就会晚4分钟，反之亦然。因此如果你知道在母港的准确时间，你就能知道你所在的地方太阳或恒星早升起(或晚升起)多少时间。于是在位置方面，通过简单的乘法就能知道，这意味着在某种意义上说有多少英里。

哈里森敏锐地观察到，摆钟于此无益，所以他改用弹簧。他在他的(神奇的、新的)钢质钟表发条的一端放了一个小小的黄铜滑板，这样无论在路上遇到什么天气，黄铜的膨胀和收缩都会刚好比钢多一点(比率为3∶2)，从而使膨胀和收缩的发条保持同样的长度，无论温度是多少。哈里森的精确记时仪在往返加勒比海的旅行中仅差15秒钟，这意味着你返回母港时，误差可以在4英里之内。这样就不会再有沉船了。嗯，沉船事故少了。

哈里森的钟表发条当时算是很神奇，很新颖，这要归功于另一位钟表匠亨茨曼(Benjamin Huntsman)，他把一种神秘的成分(他从不泄露这个秘密)加入黏土里，使得做成的坩埚能承受非常高的温度，可以用来熔化旧式钢。旧式钢本来太脆不能用来制造优良的钟表发条，除非把它熔化才可用。现在有了亨茨曼的坩埚，就可以了。

亨茨曼的坩埚钢还非常硬，如果磨得锋利，用它来切铁就像切奶酪那样容易。这样的钢铁是鬼迷心窍的钢铁商威尔金森(John Wilkinson)一生的雄心壮志(他做了一组铁棺材，3具留给自己，其余的当成礼物送给朋友；他建造了一座全铁的教堂；给工人们付的都是铁币；他睡觉时手里拿着一个铁球,当他梦中想到一个好主意时,他会抽动,铁球会掉下来把他惊醒,他会把他的好主意记下来,然后接着睡觉)。1774年,威尔金森把亨茨曼的钢用到新的汽缸镗床的刀刃上,这种镗床能够很精确地切割金属,使得他能够制作瓦特需要的那种活塞汽缸,精确到"一个旧先令硬币那么厚"。然后他就用这种汽缸(首次)驱动他自己的蒸汽动力鼓风炉。从此工业革命开始了。

再来看看法国。威尔金森的小玩意儿能做的另一件事是镗制更薄、更精确而且可互换的加农炮管。这些东西被伪装成"铁管"走私到法国(当时法国和英国正在用这种大炮打仗),这使得发展骑乘炮兵成为可能,因为新炮管的重量同时还非常轻。

这后一个特点为法军模范、炮兵总检查长格里博瓦尔(Gribeauval)的工作增加了价值。威尔金森在为他制造炮筒(威尔金森的客户还有土耳其人和美国人,当时英国也在和这两个国家打仗)。从1770年起,格里博瓦尔开始彻底重组法国炮兵。他把众多的大炮口径减少到4种,并使一切标准化,从弹药到炮架轮子的尺寸。多亏了威尔金森,他现在拥有轻便的、可移动的武器,可以在战场上到处冲锋,这是过去从没听说过的事。过去认为加农炮必须花上一整天时间才能安放好,转移时又要花一整天时间。因此格里博瓦尔的可移动大炮完全改变了战争的面貌,而且(当1792年之后,一位名叫拿破仑的前炮兵军官和革新狂兴奋地采纳了这个想法时)也改变了欧洲的面貌。

1810年,拿破仑使用了英制加农炮(顺便说一下,制服和炮弹也是英制的),效果很好,结果就是自己舒舒服服地坐上了皇帝的宝座。他决定通过激发积极性的手段让法国工业奔向19世纪。这手段就是成立一个艺术进步研究所("艺术"这词让人糊涂,它的意思是科学和技术)。他的宏伟计划是想使法国实现军事独立,从而他在下次打仗时,使用的材料是地地道道的法国货。

因此，最初显得有些奇怪的是，这一新研究所的首批奖金之一授予了一位叫阿佩尔的香槟酒装瓶师。但是阿佩尔了解法国军人行军时肚子里装的和别国军队不一样。他把蔬菜装进他的香槟酒瓶子里封好，把瓶子放进沸水里煮几个小时，起到杀菌的作用，虽然他当时不知道细菌的存在。几个月之后，在加勒比海，法国海军打开他的瓶装蔬菜，宣称蔬菜几乎是完全新鲜的，可用于防治坏血病，而且（从后勤供给角度讲）正是军需官的梦想之物。

稍后，在巴黎，几个过路的英国人偶然发现了阿佩尔的瓶装专利，便把专利权买下来。因为其中一个英国人的朋友拥有制锡的全套设备，他们就换了容器，做成了我们今天的罐装食品。

然而，在获得这一专利的旅行中，这些英国投资者还遇到法国工业的另一个更有意思的进展。这就是自动造纸机——纸浆被自动铲上一个摇动的活动网筛，从粗布包裹的滚筒之间通过，水分被挤掉，然后被挂起晾干。整个过程几乎没有人工干预，所以再也不需要那些造纸工人了（反正他们与拿破仑的骑乘炮兵一起在欧洲东奔西跑）。

不知为什么，法国人没有采纳该技术，于是这些英国买主就把这项专利带回家了。到了1840年，英国生产出长长的纸张材料，使得生产我们今天与之难舍难分的墙纸成为可能，同时也让威廉·莫里斯这样的艺术家兼社会改革家有机会把这墙纸设计成返璞归真的乡村风格，这种墙纸现在开始装饰在每一栋高雅的维多利亚式房屋的墙壁上。

另一个新的居室改进使得一个地方更加得体：盥洗室。由于三次霍乱爆发（导致数十万人死亡），下水道、自来水总管以及卫生设备开始普及。由于法国传来的这一连续工序造纸技术，社会地位向上流动的人们现在也能把最后一件基本要素加入到他们多彩的卫生的新生活中：卫生卷纸。

这一切……有肖维尔的功劳。所以别太在意"巨人的肩膀"。让我们为小人物欢呼吧！

13 早餐遐想

一天早晨,我正在厨房洗碟子,突然想到我正在做的事(正如所有的事情一样,如果你前瞻得足够远)是一个非常好的例子,可以用来说明当今世界万事万物最终是如何以奇怪的方式联系在一起的。就像这高压自来水和玉米片的关系一样,我正用高压自来水把玉米片从碗里冲洗掉。

早在18世纪,巴黎郊外曾经建立起一个高压自来水供给系统,采塞纳河水,由一个巨大无比的装置驱动,以至于当地小村子的名字都从马利(Marly)改成了"有机器的马利"(Marly-la-Machine)。这台机器由横跨在河上的水力磨粉机驱动的一连串泵组成,目的是为几英里外的凡尔赛宫的装饰性喷泉供水。为了取悦国王和他的几个情妇,必须把水喷向空中,花销很大。如果经济状况良好,喷泉和情妇这样的奢侈还可以承受。但在18世纪后期的法国,经济很糟糕。可想而知,国王也很糟糕。

但是到了1797年,人们的现金流开始好转。当时蒙戈尔菲耶(Joseph Montgolfier),一位气球驾驶员兼造纸者(a balloonist papermaker,当时他的职业可以这样描述),给新共和政府的官员演示他发明的一个能把水送到凡尔赛宫的装置(也能更体恤民情地把水送到运河、灌溉网以及城市自来水供应站),而且事实上不需什么成本和维护,因为这套设备几乎没有移动部件。

蒙戈尔菲耶的水压机,通过各种阀门,利用河里的水流压缩空气,压缩空气驱动水向上、向下或向侧面喷射,频率达每分钟120次。到蒙戈尔菲耶去世的那一年,共有约700台水压机在工作,遍布欧洲。然而没有一台水压机建在法国革命后的凡尔赛宫。没有国王了,也没有喷泉了。

有了这种高压水,水压机可以输送大量提升动力。1850年一位英国工程师费尔贝恩(William Fairbairn)改装了水压机,用以把一组1200吨重、长方形截面的铁管(里面可以通火车),以每分钟2英寸的速度高举到位,建成了横跨威尔士梅奈海峡的大不列颠悬浮铁路桥。

费尔贝恩雇用的一个小伙子名叫罗伯茨(Richard Roberts),他发明了自动铆接控制机。这种机器使用穿孔卡片,罗伯茨曾见过由这种卡片控制工作的丝织机(这曾在前面一篇文章中的一个不同的情况下讨论过)。这种卡片被设计成阻止或允许支在弹簧上的金属线钩子通过。那些穿过孔的钩子会挑起与那部分图案相应的一根线,从而让织梭从下面过去。类似地,罗伯茨用卡片控制选择要在一段梁上打的铆接孔的大小、个数和位置。后来这一穿孔卡片的思想在同一世纪又被一位名叫霍勒里斯的人重新采用,他最终和几个人一起成立了公司,这家公司后来更名为IBM。

与此同时,罗伯茨的铆接技术非常过硬,吸引了赫赫有名的工程师布鲁内尔的注意。他知道新的巨型铁船"大东方号"(他打算在这艘巨轮上采用梅奈大桥上成功使用过的管道主梁结构)仅船壳就至少需要300万个铆钉。

事实证明,这艘大船除了铆接技术以外,几乎一切都很糟糕。工程师们在建造时将它的舷侧对着泰晤士河,后来才发现河面太窄了,船体无法下水。于是,他们被迫使用推杆、滑道、绞车和支架等各种各样的工具,又花了好几个月的时间和几百万元(唔,几百万英镑),即使这样也试了6次才最终下水。到"大东方号"开始它赴美洲的处女航的时候,公众已经知道太多的灾难曾光顾过这艘船,以至于船上300个铺位中只有38

个铺位被订购。到了最后一天,又由于船员醉酒而误点。这还不算,事情越来越糟糕,到了1865年,这艘世界上最大的船最终什么也干不了,只能用于铺设跨越大西洋的海底电报电缆。后来它又把电缆弄丢掉了,因为它打了一个滚,拉断了电缆。第二年这条电缆又找到了。

当工程师们把拉断的电缆两端连接上之后,电缆仍然功能良好,因为电缆护套使用了一种最新的神奇的黏稠物质:古塔波胶。这是一种乳胶树液,采自马来西亚杜仲树。但是除了让布坎南(Buchanan)总统以几句致维多利亚女王的有政治家风度的致辞宣布开通跨大西洋海底电报电缆以外,古塔波胶还有其他贡献。它是家庭电灯的第一种绝缘材料,它把口香糖推进市场,并使高尔夫球运动发生了革命性变化。

当时,高尔夫球内的填充物是羽毛。问题是,这些"羽毛球"大多数耐久性很差,最多只能打到第三个果岭。1848年古塔波胶的出现带来了一种结实的可塑成形的球。它足够圆,你往哪儿打它,它就滚到哪儿;它足够结实,打完一场比赛仍能保持形状。因为新高尔夫球在许多意义上改变了高尔夫俱乐部的存在方式,所以非常传统的皇家圣安德鲁俱乐部(世界上最古老的高尔夫球俱乐部)勉强接受了这种新高尔夫球。"古塔球"非常便宜,到19世纪50年代,高尔夫运动吸引了满满一火车一火车的前来度假的苏格兰工人。为了安排下这么多人玩,圣安德鲁俱乐部不得不把(原来很宽的)高尔夫球道纵向一分为二,每一半朝相反方向玩。这就是为什么现在高尔夫球场有18个洞,而不是原来的9个洞。

早年在圣安德鲁俱乐部举行的高尔夫球比赛中,肯定有一场是那种罕见的情况:你在高尔夫球场上经常听到的那些hot air(夸夸其谈),完全是关于hot air(热空气)的。热空气就是突然间有这么多想当高尔夫冠军的工厂工人热切希望改进自己击球技术的原因。当时,格拉斯哥的克莱德河畔想让自己变成世界最大的船坞,但失败了。任何希望成为工业区的地方都需要有煤,尽管在苏格兰低地下埋有成千上万吨的煤,但都是劣质煤，连面包都不能烤，更别说熔铁了。

这时，格拉斯哥煤气厂老板尼尔森（James B. Nielson）来了。1827年，他发明了燃烧煤气的热鼓风炉，能够使炉膛内的温度高到使任何燃料燃烧的程度。采用尼尔森的方法，用本地的低质煤也可以炼铁，而且炼出的铁比用昂贵的煤炼出的还多3倍。几年后苏格兰的工业革命开始了，产生了克莱德河畔的船坞，以及世界上被煤烟笼罩的最脏的城市。而且炼铁业带来新的财富，到处都出现了一些高尔夫球高手。

除了开发苏格兰煤矿，尼尔森的新技术对以前很贫困的宾夕法尼亚州无烟煤矿业主来说也是好消息。这种煤也很难烧，但现在忽然有利可图了。立刻，匹兹堡变成了美国的钢铁中心，人们修建铁路把铁矿石从五大湖区运过来（在这个过程中，产生出新的铁路管理系统，如成本会计、统计月报、分部结构以及部门管理等，完全改变了企业运作的方式）。

新生的燃烧无烟煤的钢铁工业很快使宾州遍地都是烧过的焦炭。实际上，宾州是伟大的英国化学家、美国革命的同情者普里斯特利（Joseph Priestley）度过他晚年避难岁月的地方。正是他发现焦炭是极好的导电体。利用普里斯特利的发现，匹兹堡居民艾奇逊（Edward Acheson）把焦炭和黏土的混合物放进电炉里实验。结果在1885年，艾奇逊生产出世界上第二坚硬的材料，他命名为金刚砂。

可想而知，艾奇逊很快投入到磨料生意中。他把金刚砂颗粒粘在砂轮上，这使他取得了一份生产电灯的合同。威斯汀豪斯用这些灯点亮了1893年在芝加哥举办的哥伦布纪念世博会。同样的研磨表面至今仍在使用，只是现在通常用树脂把它们粘在轮子上。这个过程涉及一种称为糠醛的溶剂。糠醛是一种化学品，把硫酸和水在高压下加入丢弃的庄稼副产品混合物中就可以得到糠醛。这些丢弃物可以是燕麦糠、甘蔗渣、稻壳等。

还可以是你做成了玉米片后丢弃的玉米棒子，就是那种我麻利地冲洗掉的玉米片，我从它出发描述了这一系列的特殊联系。

14 石头和骨头

我记得几年前的一天,我正在大英图书馆主阅览室工作,心里带着一丝默默的悲哀,因为当时图书馆的房地产正要被转让,一切都要搬到新馆址,1998年的确搬走了。新馆布局不再鼓励八十多岁的退休老人(就像当时坐在我旁边的那位)以这个阅览室读者都耳熟能详的、特别惹人喜爱的方式打鼾。

我想是一个意大利人为我们带来了老馆的这一切好处,真的。主阅览室是帕尼齐(Antonio Panizzi)的作品,那是在他1831年成为大英博物馆书籍管理员之后。当时那个地方正卷入各种与彩票有关的骗局中,彩票原先是用来为建造大英博物馆筹款的。尽管得承认,不管某人腰包里后来赚了多少钱,剩下的钱还是足够建立起大英博物馆。1759年博物馆正式开放,这首先要感谢汉斯·斯隆博士爵士的一心一意的不受约束的努力。斯隆博士以发明热巧克力饮料(见另一篇)而闻名。他死的时候,遗留下世所罕见的最大的"珍品"收藏,他把这些收藏品捐给了国家,条件是要有一个博物馆来保存它们,并给他的子孙2万英镑。于是才有了这个彩票,然后有了大英博物馆。

斯隆的一个好朋友是外科医生切泽尔登(William Cheselden),他以54秒内摘除胆结石而闻名(因为没有麻醉,会疼的),他还是女王的御医、牛顿的朋友,他于1733年出了一部关于骨头的巨著,书名很惊人:《骨图》

（*Osteographia*）。这部巨著里有着用一个暗箱制作的插图。这也是为什么在此几年前苏格兰出版的一部类似作品中不含图片的原因。原因是：(a)这位苏格兰作者曾是切泽尔登在伦敦的学生；(b)前面提到的切泽尔登是大人物，而且是伟大的优秀人物的朋友。

提醒一下，门罗（Alex Monro），刚才说到的作者、爱丁堡解剖学家，并不是羞怯之人，1726年他是负责为爱丁堡成立第一所医科学校的小组的成员之一。他还要为学生们从墓中掘取尸体这一新做法负责，因为他的学生希望确保花那么多钱上他的解剖课是值得的。门罗最后和当地法律系统达成了一项协议，平息了公众的义愤。这项协议包括通过某种不明的安排，定期把最新处决的罪犯的新鲜尸体运送到医学院来。

门罗南下伦敦学医时，另一位老师霍克斯比（Francis Hauksbee）也是一个大人物。他发明了神奇的"感应起电机"（influence machine），其实

就是一根转轴上顶着一个大玻璃球。如果你转动曲柄（从而转动转轴并让玻璃球转动），然后一只手扶着球，你的手就会带电。这一神秘的感应还向下传递，并吸住软麻布和羽毛这类东西。霍克斯比开发的这个旋转玻璃球的小玩意儿是他的实验结果，旨在找出真空的容器能做什么。因为当时的科学研究实际上是大惊小怪，所有人都想知道真空到底能干什么，尤其是当时，霍尔斯比的老板玻意耳（Robert Boyle）发明了一个泵，只要你想要，这个泵就能做出真空。

那时候，玻意耳已经把弄空气很

长时间了,足可提出(关于恒温下气体特性的)定律了,此即玻意耳定律,或法国人所说的"马略特定律"。你会注意到法国人用一种很奇怪的方式说"玻意耳",这是因为马略特(Edme Mariotte)声称自己是和玻意耳同时发现这个定律的(甚至早于玻意耳,如果你是法国人的话)。事实是,1679年马略特的工作严重依赖于玻意耳的工作,但他从不提及玻意耳。马略特一生大部分时间都在做这种事情,只要你愿意,可以称之为某种盲点。具有讽刺意味的是,他的很少几个原创性的工作之一就是发现了盲点。同样地,他还有一次"证实"了另一个人皮埃尔·佩罗(Pierre Perrault)的工作,这人当时测量了巴黎盆地的降水,并得出结论说,塞纳河(以及一般的河流)的大部分河水都来自降雨。

1697年皮埃尔·佩罗的兄弟夏尔(Charles),一位闯劲十足的人,实际上是法国文化部长,他把一套民间故事集《鹅妈妈童话》(*Tales of Mother Goose*)(其中有"睡美人""小红帽""穿长靴的猫""灰姑娘"等等)转让给迪斯尼公司。他还曾卷入到几乎致命的有关现代作家是否比古希腊古罗马作家更优秀的争论中(正如法国人喜欢就法语是不是世界上最好的语言跟人争论一样)。夏尔·佩罗说"是",其他特别有影响的大人物如布瓦洛(Boileau)说"不"。当夏尔·佩罗说柏拉图(Plato)令人厌烦时,在国际上引起了轩然大波,远在爱尔兰都能听到沸沸扬扬的吵架声,英国文坛最尖酸刻薄的头脑之一也暂时参加了进来。

如果你忽视了那句古谚"当你扶摇直上时,要对人友善一些;因为当你江河日下时,可能需要他们",那么斯威夫特(Jonathan Swift)的一生就是你的写照。要不是贝克莱(Berkeley)一家的关怀,他可能早已饿死了,而且永远不会成为贝克莱的儿子乔治(George)的好朋友。乔治后来成为一位大主教和美国教育界权威(加利福尼亚州伯克利分校以他的名字命名),他于1704年出版了一本书《视觉新论》(*A New Theory of Vision*),在这本书里提出一个革命性思想:所见并非所得,即我们所看见的是大脑把感觉器官接收到的信号和大脑里已有的知识关联起来加以解释而得到的。

这就是"联想主义"(associationism)。这个理论最终吸引了一个让你又爱又恨的人。我说的这位医学天才2岁能阅读,到4岁已经读了2遍《圣经》。到了20岁他已懂法语、意大利语、希伯来语、阿拉伯语、波斯语、土耳其语以及另外5种语言。明白了?这样你就不会奇怪,到了1799年杨(Thomas Young)26岁时,他已经是皇家研究院自然哲学教授了。他讲授声学,光学,万有引力,天文学,潮汐,热学,电学,气象,动物,植物,液体的内聚力和毛细吸力,航海论,影响水库、运河、码头和海港的流体动力学,测量技术,气泵和水泵的共同形式,关于能量的新概念等等。够了吗?杨还发表了一个新理论,认为光可能是一种波,并做了那个著名的实验:让光通过2个相邻的小孔,产生现在所熟知的干涉图案,并宣布视网膜对所有颜色按照三原色进行反应。然后,嘀—哼嗯,好无趣,他就把注意力转向了象形文字(并攻克了这个难题)。唔,你也会这样。但令人松一口气的是,1814年杨面对的问题并非难得不可能解决(而是轻松地攻克了)。这次他比较轻车熟路,因为有了英国人1801年把拿破仑赶出埃及时从拿破仑那里抢过来的象形文字样本。这个东西对杨特别有用的地方是:这段象形文字是和其希腊语对照着雕刻的。所以他已经成功了一半了(因为,当然啦,他也懂希腊语)。

有趣的是,当我对旧大英图书馆里打鼾的学者有点厌倦时,或者对工作中所必须搞懂的那些科学专著里的难懂的神秘符号感到厌烦时,我常常溜达到图书馆外,喜欢去看看杨当时做这件事是多么容易。因为出了旧图书馆大门,第二个右拐弯处,就是我提到的那个东西。

即杨用来破译密码的罗塞塔石碑。

15 这篇有什么特别之处吗？

昨天当我正在黎明前的黑暗中迈着重重的脚步走在亚速尔群岛的人行道上，听着耳塞式收音机时，我突然感到了一种不相称。我在这里，大西洋当中，居然收听到了BBC全球广播节目日常的通俗广播内容，因为在20世纪40年代初，人们可是被B-29轰炸机和机上那脾气乖戾的真空管搅得心烦意乱。真空管对震动和极端的温度非常敏感，但震动和极端的温度在每次执行轰炸任务时却是司空见惯的。于是就有了战后贝尔实验室巴丁（Bardeen）、布喇顿（Brattain）和肖克利的工作，他们做出了能抗震的用锗做的固态晶体管，拿到了诺贝尔奖，也给我们的耳朵带来了早间新闻的启蒙。

固态放大器正是微波激射器工作人员想要的东西。有了它，他们就可以摆脱必须激发氨气分子以释放微波的做法，过渡到采用杂质晶体的高级阶段，从而使激光成为可能，只要这些晶体里的分子激发到足够程度发出光。这种相干光束很少发散，你甚至可以把它射向月球，看见它照亮了哪里。导致激发的一个原因是掺杂剂——钕。如果你以正确的频率对钕照一点点光，这种分子就会疯狂共振，并发出大量激光，就好像你的一块钱猛然变成了好多钱。

具有讽刺意味的是，19世纪中期钕的发现，是和另一种极刺眼的强光联系在一起的。那是在寻找能发出极亮光的材料过程中，奥地利化学

家奥厄·冯·韦尔斯巴赫(Auer von Welsbach,我曾在其他文章中提到过他)在所谓的"稀土"里发现了钕。1885年奥厄在棉制煤气灯罩里注满这种稀土混合物,使煤气灯的亮度足够高而一举成名,几乎抢了爱迪生(Edison)的先。唔,还没有。但第一个灯泡制造出来后,出乎你意料的是,他仍使煤气股票居高不下长达10年之久。即使至今,他的煤气灯罩股票仍然势头强劲,便携式野营煤气灯中仍使用这种灯罩。尽管如此,钕并不是奥厄当时正在寻找的稀土元素,于是他把钕用来制作为煤气灯自动点火用的火石的廉价替代物,这种替代物以他的名字命名为"奥厄火石合金"(Auer's metal)。像许多发明者一样,奥厄是一个明亮的火花,使自己的名字光芒四射。

奥厄成为一个光耀夺目的人物可能是因为他的这些东西是在一个人的实验室里学到的,这个人把"本生"(Bunsen)变成灯的名字*。正如其他人一样,本生的煤气来自对苏格兰穷困潦倒的邓唐纳德(Dundonald)伯爵八世的工作的诈骗。伯爵正在设法避免破产,当时他把一些煤放在炉子上烤(他除了拥有一座劣质矿,几乎一无所有),点燃释放出来的烟气。他不知道自己正在做历史上最伟大的发现之一,像个傻子一样,他把这种烟气跟默多克(William Murdoch)——瓦特的密友——谈起,默多克马上偷了这个主意。邓唐纳德最终穷困潦倒,死于巴黎一个小阁楼,默多克作为煤气的发明者载入史册。(谁说科学是崇高的?)

---

* 本生灯,一种煤气灯。——译者

从1813年起，煤气灯开始从各方面改变人们的生活，如为工厂上夜班的人照明；为夜晚外出的人照明；为旨在提高文化水平而夜读的人照明；为新的机械学院技工班照明，同时也使管工蜡烛（plumber's candle）出名。这种烛灯重1/6磅，每小时燃烧120格令*，这种微不足道的照明装置成为用来对现在照明生活进行量化的标准（即成为煤气灯产生多少烛光度的正式量度）。

检查亮度的一种方式是用一个称为光度计的新的小玩意儿。目的是让煤气公司的客户确信，他们花的钱是值得的。有些光度计像一个小小的双筒望远镜，有一个棱镜把两幅图像（一幅由管工蜡烛产生，一幅由煤气火苗产生）并排收进目镜，然后移动另一个透镜，把一幅图像的亮度放大到看起来和另一幅同样明亮的程度。为达到这种效果而移动这个放大透镜的程度就表示了煤气火苗的亮度。

这里有一个关键词"看起来"。从这里几个德国人带着一条自然定律走进了我们的故事，我打赌你一直在等着听听这个"最小可觉差定律"是怎么说的。就光来讲，这条新定律与用于检查恒星亮度的仪器关系最大（也许人类是从这里开始意识到最小可觉差的存在的，早在古代人们就通过比较一颗星比另一颗星亮多少来给星星分类）。

这条定律的现代形式由一位莱比锡大学教授费希纳（Gustav Theodor Fechner）于1850年10月首次广泛地应用（他创造了心理物理学，直至今日，10月20日仍是其信奉者们的"费希纳日"）。然而这个思想是他的老师首创的，因此这条定律被称为韦伯-费希纳定律。定律的全部要点在于衡量感觉量要增加到什么程度才能觉察到这种增加。韦伯（E. H. Weber）对触觉做了测试，他问举重运动员在哪个时刻他们察觉到杠铃上增加了重量，费希纳对其他感觉做了类似测试。他们俩共同证明了，所有刺激的最小可觉差是一个常量，与基本刺激水平有关。

---

* 格令为英美制最小重量单位，1格令=0.0648克。——译者

关于有些事物是如何被察觉到的全部想法是来自韦伯的哥哥的一位同事赫尔巴特(Johann Herbart)的工作，他是第一个用"意识阈值"这个短语的。赫尔巴特是一位学究式的教师，他被"人是如何学习的"这个问题迷住了。他提出过一个逐渐积累的经验团的概念。他称这个团为"统觉团"(还有其他什么吗？)。所接受的任何新经验都被引导给这个统觉团，如果你以前有过这种经验，这个事件就被下意识地当作老套子，不会引起你的注意。但是当哪怕是半新的事件发生时(我认为我对这事的理解是对的，但这是19世纪德国的心理物理学)，瞧，它已经超过了那神奇的阈值，于是你就察觉到了它。我希望你已经看出来这和举重运动员的关系了。

正是赫尔巴特与瑞士的前农场主、后来的世界性教育家裴斯泰洛齐(Heinrich Pestalozzi)之间的友谊，促使赫尔巴特科学地定义了知觉，因为我想，裴斯泰洛齐不知道(也不关心)该怎样定义。到1802年，裴斯泰洛齐出版了《格特鲁德如何教育她的孩子》(How Gertrude Teaches Her Children)，赫尔巴特写了《裴斯泰洛齐的观察之ABC》(Pestalozzi's ABC of Observation)。那时的裴斯泰洛齐已因他的学校而很有名。在裴斯泰洛齐的学校里，学生们从经验中学习。没有课本，没有形式上的课堂。只有成长，没有训练。首先让孩子们看见大山，然后才告诉他们大山怎么读写。

到1806年，费城有了一所裴斯泰洛齐学校，由裴斯泰洛齐的一位老师尼夫(Joseph Neef)管理。1825年，尼夫被人物色去位于印第安纳州新哈莫尼的一个新的乌托邦公社开办一所学校。该校由英国自由意志论者罗伯特·欧文创办，钱来自富有的美国商人麦克卢尔(William Maclure)。麦克卢尔是一名业余地质学家，于1809年出版第一幅真正的美国地质地图。

正是在密苏里、俄克拉何马和堪萨斯三州交界地区，麦克卢尔的地图上标明有矿藏。1952年这个矿里的锌矿石提供了首批锗元素，即巴丁等人的晶体管里使用的元素。

我打赌，你肯定想知道我是从哪儿把这挖掘出来的！

16 放映时间到了

尽管我步入成年之后,大部分时间都花在小屏幕(电视)上,但我仍不能抵御电影院里那神奇时刻的诱惑。所有灯光暗下来,电影画面完全以实物大小映入眼帘,我被环绕立体声包围,即使有些场合银幕上放映的是孩子们看的电影,如最近我作为家长陪孩子看的迪斯尼电影。

观看电影时,我禁不住在想,多么遗憾啊,好莱坞把主要情节彻底地净化了。如今很难看到事情的真实一面了。我特别指的是格林兄弟(Brothers Grimm)写的童话故事,迪斯尼从中攫取了大量题材,但故事却不像我们看过的动画片那么甜蜜。在原版《格林童话》里,灰姑娘的两个姐姐的眼睛被啄掉了,莴苣姑娘怀孕了,睡美人有一点恋尸癖,大灰狼既吃了小红帽也吃了她奶奶。甚至《格林童话》的编辑在第2版中也把这一切低调处理了。

当然,格林兄弟处理的都是相当原始的东西,他们走遍整个欧洲搜集民间故事作为他们的童话素材。大约在1806年,他们开始把牧羊人、马车夫、补锅匠、吉普赛人以及农民的口述寓言抄写下来。许多年来,格林兄弟听了他们认为是祖国的原始声音:交织着暴力、残忍、种族主义、对外国人的轻蔑以及独裁主义的传说。一个多世纪之后,这些东西使纳粹分子们心神激荡。

《格林童话》是19世纪初期席卷浪漫主义欧洲的返璞归真大狂热中

的一部分。这一民俗运动是受新语言科学和加尔各答*的一名威尔士法官的研究的启发。琼斯的工作是把英国法律应用于英属印度的印度教徒,因此他研究当地文化。在研究过程中,他遇到神奇的古印度语言——梵语,并立即对它的词语展开研究。这些词语与希腊语和拉丁语中相应的词语极其相似(以及和日耳曼语、波斯语、凯尔特语甚至亚美尼亚语和阿尔巴尼亚语都极像),这使得琼斯推断梵语一定是几乎所有人的古代母语。

梵语的发现使德国人如痴如狂,因为这意味着日尔曼民族可能和法国人有着同样深远的文化传统(当时法国人正在拿破仑战争中痛击德国人)。

发现梵语所引发的对印欧语系的狂热甚至影响到了最受尊敬的人物。其中之一是数学家高斯(Karl Gauss),他与格林兄弟同在哥廷根大学。高斯被誉为天才,因此他的思想有很重要的影响。他年纪轻轻就一举赢得他在哥廷根的位置,因为1794年他17岁时,导出了一种计算行星轨道的技巧,即使你只对行星瞥了三下,也能准确地推算出它的轨道。

这多少解释了第一个小行星——谷神星的发现过程。1801年元旦那一天,意大利天文学家皮亚齐(Giuseppe Piazzi)发现了这个新天体,但他只沿着它的轨道观察了9度就病了。皮亚齐病好些后,天气又不好了。到了巴勒莫天空终于晴朗可以观察的时候,谷神星又不见了。一颗新行星的发现在欧洲引起了相当的轰动,而现在又找不着了,这就更轰动了。但一切还不是那么悲观,也没有完蛋。有了年轻的高斯发明的神奇的数学公式(正式名称是"最小二乘法"),瞧!一年之后,谷神星刚好在高斯计算出来的位置出现了。这一业绩使他迅速成为名人,到处都请他任天文学方面的职务。他选择了哥廷根。

一位高斯迷被这件事深深感动,以至于他不能让自己按传统做法给

---

* 印度城市。——译者

他新发现的元素以自己的名字命名。这家伙是一个肥胖的疑病症患者、瑞典美食家、喜欢在女人中厮混的男人，他为皇室成员讲授化学课，皇室授予他一个爵位作为回报。他就是贝采里乌斯（Baron Jon Jacob Berzelius）。他四处旅行，写下旅行见闻，认识所有值得认识的人。下次你喝上一大口 H_2O（水）感到通体舒畅时，你也许会想起是贝采里乌斯提出现代化学符号表示法的。

老B*在吹火管方面也是欧洲的一大热门人物。吹火管很像一组风箱，用来把火焰温度提高到1500摄氏度。在这样的极高温下，所有物质都会以其特有方式炽热发光，揭示出其组成元素和组成物质。用这种方法，贝采里乌斯能够为歌德（Goethe）这样扭腰摆臀的（hip-hop）人物分析各种矿石样本。他还检验陨石，以及像古埃及研钵和加拿大捕兽者胃液这样的神秘材料。因此1803年他有充分的能力分析一种奇怪的石头，分辨出我前面提到的那种新元素，并为纪念高斯而命名它为"cerium"（铈），而不是"Berzelium"。

我们刚才碰巧发现的正是导致我热爱这变化之网的原因。我说到这个矮小敏捷胖墩墩的男人和他神秘的石头，在斯堪的纳维亚北部一个不知名的地方，即将对现代世界作出**另一个**显著贡献，这要感谢千里之外另一个可能从没听说过他的人的活动。我说的是伟大的发明家、更伟大的自我宣传家，爱迪生，以及他为我们的故事增光添彩的两个贡献：白炽灯泡的创造发明（有意的）和这种灯泡所具有的效力（无意的）。

1882年，纽约珍珠街爱迪生发电站的开张，明确地向投资者（即使是最傻的投资者）传达一个信号：他们该把股票从煤气灯公司那里抽出来了，煤气灯公司似乎除了隐退别无选择了。但是且慢，由于有了贝采里乌斯和他神秘的石头，忽然另一位未来的贵族带着为煤气公司解决难题的最好的解决方案粉墨登场了。

---

*贝采里乌斯。——译者

维也纳的韦尔斯巴赫发现,如果在海岛棉(Sea Island cotton)做的纱布外罩(或"纱罩")里注入一定的矿物质,其中1%是质量较好的废弃硝酸铈,然后把这块纱罩粘在煤气火苗附近,铈就会发光,亮度相当于普通火苗的7倍。这个1885年的发明,被称为韦尔斯巴赫煤气罩,它为韦尔斯巴赫赢得奥匈帝国准男爵爵位,并有权选择一个(备受人们期待的)家族箴言:"更多的光明"。新型纱罩使煤气灯生意一直维持到第一次世界大战(直至今天你仍能在篝火附近看见煤气灯)。

1900年左右,在芝加哥一间破烂不堪的宿舍里,一位名叫德福雷斯特(Lee De Forest,一个花里胡哨的不得体名字)的小伙子,正在凝望着韦尔斯巴赫灯,脑子里萌生出火焰探测仪的想法。他想象着一个小玩意儿,它能够探测带电纱罩的电荷变化,因为纱罩中的电流受火焰存在与否的影响。德福雷斯特的难题是如何使极细微的电流变化放大到足以被检测到的程度。于是他利用了一个爱迪生曾经偶然遇到过的奇怪现象。当时爱迪生注意到,他的炽热的灯丝发射出一些颗粒,弄脏了灯泡的金属底盘。

这个被爱迪生称为"爱迪生效应"的现象获得了专利,被存档,然后就被忘了。终于有一天人们发现,这个现象是稳定的电子流从灼热的灯丝中翻腾出来并一猛子扎到底盘上的结果。德福雷斯特在灯丝和底盘之间放一个金属网纱,利用强大的电子流放大任何可能穿过金属网的微弱电荷。他称这个通用电子信号放大器为"三极管"。1914年第一条纽约—旧金山电话线开通,全程用三极管放大信号。

有点讽刺的是,100多年前贝采里乌斯用他的吹火管所做的最聪明的事情之一是,分离出另一种元素,他称为"硒",后来发现它在电路中很有用。1873年的一天,爱尔兰梅岛上一个跨大西洋电报电缆终端操作员,注意到他的硒电阻器里的电流很奇怪地变化着:在阳光下电流强,在黑暗中电流弱。原来硒在根据光的强弱而发出电流。

从1900年起,伊利诺伊大学的蒂科希纳(Tykociner)教授研制出一种基于硒的录音机。他把光(其强度随着麦克风薄膜的振动而变化)透过生胶片,做出曝光不同的负片。当胶片冲出来后,它就会使透过它的光的量发生变化,这种光照在一个硒元件上,该元件相应地发出变化的电流,从而在扬声器上重现原来的声音。主意很棒,只是信号太弱,听不见。瞧后来,1923年三极管问世,出现在西方电子公司(Western Electric)的新型有声电影系统上。顿时,电影会说话了。

这就是为什么那天晚上我在迪斯尼电影中听到了格林兄弟(当然首先要感谢他们)的童话故事,而且每个字都很清楚的原因。各位,这就是全部的故事。

17 制冷物质

最近我在一间酷热的美国旅馆房间里瞎摆弄空调的控制器时,心里奇怪:习惯于摄氏温标的人们(即所有其他人)是如何对付华氏温标的?提醒一下,华伦海特(Fahrenheit)*本人对付它也不见得更容易。当1714年左右他制作他的水银温度计时,人们对什么算热、什么不算热的认识是十分模糊的。当时有些温度计有多达12种不同的刻度尺,刻在温度计背后的大木板上!当华伦海特设定男人腋窝下温度为98.4华氏度,冰的熔点是32华氏度后,对每个人来说,生活变得稍微简单一点了。华氏温标被广泛采用,因为生活也要变得更加精确。在科学方面,也就这么回事了,既然基本上大家都能同意,就不要再有什么异议了。

大约50年后,温度计在海洋学上引起一阵轰动。当时本杰明·富兰克林(Benjamin Franklin)在英国,他听说了大西洋航海时期的一件奇事。从伦敦驶往罗得岛的船必须绕过整个英格兰南海岸线,然后才开始正式越洋航行,这样走比起走另一条短得多的路径,即直接从(英国最西端的)法尔茅斯出发到纽约,还少花两个星期的时间。富兰克林的以航海为业的表兄弟福尔杰(Timothy Folger)告诉了他这是怎么回事。罗得岛班轮的船员们与捕鲸者们很熟,这些捕鲸者知道以每小时3英里速度

---

*华氏温标的设计者。——译者

向东流的海湾洋流的情况,这一海流有时会使向西航行的船只倒退的速度大于向前行进的速度。了解这一点并避开这股海流后,罗得岛的船跨洋航行的速度就快一些了。1775年,富兰克林在回家的路上,把他的温度计插入海水中,发现海湾洋流的温度比其周围水域高6度,从而制出了第一张海流图。

富兰克林逗留伦敦期间,和一位名叫玛丽·史蒂文森(Mary Stevenson)的年轻女子结下终生的眷恋之情。当时他正和儿子威廉(William)住在玛丽的寡居的母亲家里。据认为也许他想促成玛丽和威廉的婚事,但从没实现,因为玛丽最终和一个名叫休森(Hewson)的人结了婚。但富兰克林回到美国后,玛丽和他经常书信来往。1786年,玛丽搬到宾夕法尼亚州,为的是离富兰克林更近些,并且在他生命的最后阶段服侍在他左右。

这时她丈夫已经去世近20年了,她丈夫是在一次解剖中受感染而死的。休森曾是一位成功的外科解剖学家,他花了两年多时间协助当时伟大的外科医生约翰·亨特(John Hunter)。约翰·亨特和他的哥哥威廉·亨特(William Hunter,也是当时伟大的外科医生)共同在伦敦办一所解剖学校。约翰·亨特是那种人见人爱的人:他自学成才,拥有众多成就,写了一部关于牙齿的自然发展史的书,发现了鱼类的听觉器官和鸟类的淋巴管,他是外科病理学的奠基人,他还对刺猬着了迷,研究过葡萄牙的地质,他和一个为海顿(Haydn)写歌剧剧本的女人结了婚(以后我再接着说这个)。

约翰·亨特的学生过去干什么的都有,其中有一位年轻的乡村外科医生詹纳(Edward Jenner)。他本来过着非常无聊的日子,忽然1798年的一天,他用牛痘脓疱里的液体给人们接种疫苗预防天花,结果发了大财(因为那种"全国人民感谢你"的待遇)。几十年来天花一直是人类的杀手,在詹纳以前,所有医院都无法医治天花患者。让我们回到1747年,其中一

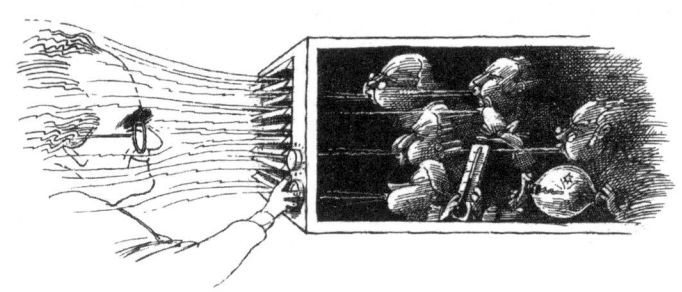

家医院——米德尔塞克斯天花医院安装了一套新的高技术通风系统。它的设计基础是管风琴风箱,是由医院的负责人之一、注重公共卫生的伦敦牧师黑尔斯(Stephen Hales)发明的。另一个使他出名的是他花了毕生精力研究树液为什么会向上输送。

他那令人激动的著作《植物静力学》(*Vegetable Staticks*)激励了一位意大利实验家、博洛尼亚大学产科教授伽伐尼(Luigi Galvani)去寻找驱动人体体液在体内循环流动的源动力。他(和许多人)认为存在某种神秘的带电流体,从大脑流到肌肉,并使大脑和肌肉工作。在1786年,有一次伽伐尼(以下要说的并不是想让你作呕)把准备好的死青蛙挂在他花园的铁栏杆上,并用一个铜钩子嵌在死青蛙的脊髓里,想看看在雷雨天肌肉是否会发生带"电"的情况,结果没有。然而又有一次,天气晴朗时,当他把钩子按在铁栏杆上时,青蛙腿抽动了一下!当他把铜钩子换成其他金属钩后,青蛙腿仍旧程度不同地抽动。伽伐尼马上急匆匆写成一部最终令人厌烦的拉丁文巨著,宣布发现了伽伐尼电,即"动物电"。10年后,在意大利的帕多瓦,伏打把一叠银盘和锌盘交替地摞起来(重现伽伐尼用不同金属的钩子—栏杆的布置),并把这些金属盘子夹在湿纸盘中间(模拟湿的青蛙组织),两端接上电线,便产生了电火花。这证明伽伐尼电流并不是青蛙产生的,而是产生于金属—青蛙—金属的交替排列。伏打的盘子堆(他称之为"电堆")就是世界上第一个电池。让我们为青蛙欢呼吧!

不可思议的是,除了青蛙(frogs)以外,伏打的另一个令人激动的发现是烟雾(fogs)。唔,熏人的毒气,非常难闻的气味。伏打发现的气体大部分在沼泽地,后来证明是沼气。如果你曾经靠近过牛,就会明白我的意思。然而,有一次在他那臭气熏人的研究中,伏打发明了一种验电玻璃高压气罐,那是一种用软木塞塞住的玻璃器皿,内有两根几乎相接触的电线,两根电线的另一端连接起电盘(electrophore,起电盘由一种松脂和蜂蜡的凝胶做成,当与猫皮摩擦时,会产生静电)。首先伏打给这个玻璃气罐充上一种性质不明的气体(如沼气),然后使电线带电,引起火花。这个效应将证明,所收集的那种气体具有爆炸性(了不起)。这终将有一天刺激火花塞的发明(真是了不起)。但是为什么像伏打这样的天才要做这样的傻事?因为所有人都认为,这类工作将彻底改变医药行业。人们猜测不良气体(具有恶臭的气体、潮湿的雾气)是疟疾这类疾病之源[疟疾(malaria)这个名称来源于"mala aria",当时的意大利语,义为"坏空气"]。

除不良气体之外,最可能导致疟疾的另一个因素是热。这是1850年住在佛罗里达州阿巴拉契科拉的医生戈里(John Gorrie)的观点。他敏锐地注意到,住在寒冷气候里的人从不得疟疾,而在他行医的潮湿闷热的沼泽地区,经常出现疟疾。戈里像伏打一样,走错了方向,因为还需要30年人们才把"蚊子"这个词引入关于疟疾的讨论。戈里制造了一台小蒸汽机,驱动汽缸筒内的一个活塞运动,汽缸则浸泡在盐水里。活塞首先压缩空气,然后在第二个冲程当空气膨胀时,把盐水里的热吸走。每循环一次,盐水温度下降一点。温度下降到一定程度后,汽缸内的空气被释放到戈里的医院病房里,使病房凉爽,为他的疟疾患者治病。

当然他的病人并没有被治好,但这台抗疟疾机作为空调机之始祖,最终使我在那炎热的美国旅馆房间的日子好过些了。

好,就写到这儿。出去放松一下吧。

18 革命

最近在伦敦，我在观赏一次日偏食时心想，哥白尼(Copernicus)写出《天体运行论》(*De Revolutionibus*)，令人震惊地断言地球如其他行星一样沿着轨道运行，这对他同时代的人来说(正如他们常说的)，简直是"乾坤颠倒"。

因为如果你把太阳而不是地球作为一切的中心，那么你就等于把整条船都摇晃起来，并且质疑一切：事物间旧有的那种永恒不变的"固定"秩序(以及如此教导人们的教会)；作为宇宙中心的人类(以及如此教导人们的教会)；不能研究的天堂(以及如此教导人们的教会)。因此毫不奇怪，奥西安德尔(Andreas Osiander，路德教数学家、宗教狂热分子)极力劝说哥白尼写一篇烟幕弹性质的前言，说明这仅仅是天文学家的数学虚构，否则，奥西安德尔说，哥白尼很有可能会深深陷入同罗马教会的可能致命的麻烦之中。但是反正哥白尼快死了，他才不在乎呢。在这次事件中，哥白尼的编辑雷蒂库斯(Rheticus)不在城里(纽伦堡，这部著作印刷之地)，奥西安德尔成了临时代理编辑，在他自己写的前言里插入了"虚构"的字眼。到事件爆发时(雷蒂库斯发火了)，已经太晚了。《天体运行论》已然多少有点成功地逃过了审查。

奥西安德尔是一位牧师，他对占星术和数学均有涉猎，有一段时间他和一位意大利人卡尔达诺(Girolamo Cardano)有过书信往来，他俩有共同的兴趣爱好。卡尔达诺是一个了不起的家伙。自从跟宗教裁判所有了麻烦,他竟然成为罗马教皇的好朋友。他还写过200多部著作,涉及音乐、哲学、代数、赌博等等一切。掷骰子的好运气(也许是因为他提出概率论第一定律)给他挣足了上大学的学费。到了1540年,他已经作为数学普及家和代数天才而成名,为他的编辑奥西安德尔奉献了一部关于代数学的伟大著作[《大术》(Ars Magna)]。

卡尔达诺还是欧洲第二好的医生,他率先详细研究哮喘(这项研究把他带到苏格兰去经历一次奇怪的探险,另有一章会详述这件事)。我们知道卡尔达诺某时某刻与欧洲**第一好的**医生相遇,因为卡尔达诺给他用占星术算命,算下来的结果据说是维萨里(Andreas Vesalius)于1514年12月31日05:45生于布鲁塞尔。维萨里写了一部伟大的看图讲解新著作《人体的构造》(On the Structure of the Body,1543年),其中把人体精确地分解成大脑、血管、神经、骨骼、肌肉,从而把医药学从用煮熟了的幼犬、百合的叶子、剁碎的蚯蚓制成饮剂提升到现代解剖学。意大利帕多瓦一位助人为乐的法官给了维萨里有力的帮助。维萨里在帕多瓦当教授,这位法官给维萨里提供刚处决的罪犯的新鲜尸体。这部书取得极大成功,结果使得医科学生中的崇拜者竞相效法,盗墓掘尸盛行一时。

这一新颖的"所见即所得"方法产生这么大的影响,部分原因在于书中的插图,这些插图是由威尼斯肖像绘画精英界的一颗冉冉升起的新星——提香(Titian)的画室所作。(正如所有艺术史学家告诉你的)提香的所有成就在于他的皮肤色调作品,这是人们所见过的这类作品中最伟大的。他的艺术如此完美,使得圣母玛利亚和维纳斯看上去像活的、有血有肉的女人(就是那种在维萨里书中出现的样子)。

提香的作品非常逼真,比如人们走过他1545年画的教皇保罗三世(Pope Paul Ⅲ)的肖像画时,竟然会脱帽致敬。于是不久,这位威尼斯画家开始到处拒绝女王、红衣主教、公爵、贵族以及其他这类奢望者委托他

作画的邀请。但有一个特别的邀请他不能拒绝,这就是为神圣罗马帝国皇帝查理五世(Charles Ⅴ)作画。当时这位皇帝正在奥格斯堡,刚刚对路德教贵族打赢一仗,他想要做点纪念品。提香让他骑在马上,身着正式的阅兵盔甲(这套服装由他在奥格斯堡的盔甲裁缝制作,他观察战斗情况时就穿这套服装)。这幅作品放在马德里的普拉多博物馆里,你看了后也许会说,皇帝被螺钉拧紧了。唔,他盔甲上的那个东西**可能**是蝶形螺母,但不管怎么说,这套盔甲就是这么穿的。

奥格斯堡是金属加工中心,是螺钉的故乡。当地有位金匠叫施瓦布(Max Schwab),1550年后有一次他应邀把他那昂贵的新型螺钉压具送到巴黎罗浮宫,为亨利二世(Henry Ⅱ)制作不那么昂贵的新硬币。新硬币中贵金属的成分将减少,因为法国希望货币贬值将有利于支撑亨利那摇摇欲坠的财政,并给他妻子凯瑟琳·德·美第奇(Catherine de'Medici)拨出足够多的钱,花在昂贵的外交宴会上。其中有一次她很可能引进了一种好玩的新毒品,那是法国驻里斯本大使送给她的。

如果我告诉你这位大使的名字叫尼科特(Jean Nicot),你一定就知道是怎么回事了。烟草就像一种有待征税的嗜好风行欧洲上流社会(然后是整个社会)。很快[当英国国王詹姆斯一世(James I)将烟草关税提高30多倍时]烟草变成首要的对健康有害但在财政上有利可图的商品。这样,不知不觉地,营利主义变成了新的时髦口号。烟草销售开始大笔大笔地让现金流入国库,欧洲的新狂热变成了:建立殖民地,从钞票中赚取更多的钞票。

不幸的是,这潜在地使17世纪的法国被逐出了致富的商业游戏,因为他们的海军只有几十艘生锈的大船壳子。直到柯尔贝尔接任新的财务总管,通过各种手段,从鼓励探险家的税收刺激政策(法属非洲从此开始)到新的国内交通网络,终于使法国经济有所好转。各种手段中包括开通南方运河(至今仍是假日划船的旅游胜地),为此他聘请天才的军事工程师普雷勒(Sebastian de Presle)、沃邦(Seigneur de Vauban)(以及其他人),他们完成了其中的一条沟渠。

沃邦相当了不起。他预测了公元2000年加拿大的人口数目(5100万),他的著作论及养蜂、丝织、养猪以及征税。他沿法国边境修筑堡垒要塞,发明了插座式刺刀。他还提出了一种全新的包围战术,我们称之为战壕战术:挖条战壕,用火力掩护其他人挖下一条战壕,逐步接近敌人的城墙,持续这样做,直至城墙底下,除非敌人的士气已经被严重削弱,在城墙炸毁之前就投降了,否则接着就用炸药炸毁城墙,把他们都送上天。

这正是1781年10月17日发生的事情,当时康华里(Cornwallis)将军及其部队放弃了约克镇要塞并列队出塞,这标志着美国人战胜了英国人。你知道英国人离开时乐队演奏的是什么曲子吗?

一首小进行曲,曲名是《乾坤颠倒》(The World Turned Upside-Down)。

19 别忘了这篇

不久前的一天,我从邮局收到一封垃圾邮件广告传单,催促我赶快去报名参加一个关于增强记忆的函授课程。

我想,"假如我知道记忆是怎么回事,那我肯定会想方设法去增强它!"不过,我们现在比过去对这个神经生理学问题明白得更多了,这部分地要归功于19世纪50年代皮特曼(Isaac Pitman)和他的商业伙伴散发的这类垃圾邮件,他们的目的是推广一种"全新英文拼写法"(totali nu wei uv speling Inglish)。唉,他们的努力最终化为泡影,于是他们转而推销起基于语音的书写技巧函授课程,这种技巧现在称为"速记法"。

皮特曼试图将英语变成"所见即所得"(WYSIWYG—What you see is what you get)的最初理由是,英语不是所见即所得的。(如果你的母语不是英国英语,试试发这个单词的发音:Featherstonehaugh。即使你说的是美国英语、澳大利亚英语、新西兰英语、加拿大英语或南非英语,你也可以试试。放弃了?它的发音如 Fanshaw*。)皮特曼认为,如果让 Featherstonehaugh 这类词看起来和念起来简单些,所有那些外国人会更容易接受英国英语文明的影响,那么世界和平就指日可待了。哼,这主

---

* Featherstonehaugh 是英格兰人的一个姓,源自诺森伯兰郡的一个地名。这是一个典型的拼写与发音大相径庭的英语单词。——译者

意生根了,但并不是率真的皮特曼所设想的那样,其规模要大得多。1897年它开花结果了,产生了国际音标,它使所有语言看起来和念起来更容易了。

语音学的顶尖人物是斯威特,萧伯纳以他为原型塑造了《皮格马利翁》(就是《窈窕淑女》)里的希金斯教授。正如戏中表演的,希金斯把伊丽莎(Eliza)的语言模式用另一套符号记录下来,称为"可视语言"。可视语言是很早以前贝尔(Alexander Graham Bell)的父亲开发的,他是一位演讲艺术教师,英国语音理事会的奠基人之一。19世纪70年代,小贝尔为了他在波士顿教的聋哑学生们,也在忙于声音的可视化。

正是在这个节骨眼儿,他偶遇一种称为声波记振仪的东西,其开发者马丁维尔(Leon Scott Martinville)几乎要被人遗忘了。这个装置相当原始:一片薄膜响应语音而振动,薄膜另一面粘着一根鬃毛,这根鬃毛在一块移动的烟色玻璃上弯弯曲曲地记录下痕迹。有了这个声波记振仪,贝尔就可以给他的聋哑学生演示他们要发的音的正确"波形"是什么,从而学生们可以以此鉴定他们自己模仿得像不像。

完整的波浪形曲线现象最初可能出现在一位法国生理学家马雷(Etienne Marey)几年前的一项发明中。他把一片薄膜绷在一个小小的鼓("气鼓")上,然后把这个气鼓放在任何他想让生命节律变成曲线图的地方。当薄膜受到任何压力,气鼓内的空气就会被迫穿过一条管子,推动管子另一端的气鼓上的薄膜。安装在第二个薄膜上的记录笔会随着气鼓的振动而移动,从而划出一条跟踪曲线。有了这个气鼓(直到1955年仍用于一般医疗),马雷几乎可以将任何运动化为曲线。马雷称他的波形曲线为"生命的语言"。

这一革新来自法国是顺理成章的,因为在19世纪早期,巴黎的医院远比其他任何地方的医院更先进,甚至英国人也要来取经。正是在巴黎,病房巡诊、病情记录表、听诊器诊断以及医疗统计制度首先得到普及。所有这些，再加上医生的毋庸置疑的权威性（这种权威性从拿破仑时代就开始了，拿破仑设想用100万未经训练的应征士兵打赢战争，他们中很多人最后必然会住进巴黎医院里，他们遵守纪律，又没有学识，不论对他们做什么，他们都不会质疑）。

数字对医疗技术也起了很大作用。由于战争中伤员很多，医务工作者就能轻易收集到真正大规模的、有统计意义的评估诊断治疗效果的数据。于是这些波动的曲线开始出现在医院的病床床脚下，显示病人的体温、呼吸、脉搏、心律，或其他任何能化为曲线和数字的身体状况的变化情况。

到19世纪末，只剩下心理疾病还有待系统化。这种系统化首先开始于催眠方面一个令人激动的、来自维也纳的新技术，称为"催眠术"（mesmerism）。麦斯麦（Franz Mesmer）的助手首先检查患者以确定他们的"磁极"的位置，然后麦斯麦亲自登场（他穿着长袍，帽子上插着羽毛），他敲击病人身体的有关部位，向患者传递一种有疗效的、神秘的"感应"。

尽管像本杰明·富兰克林这样头脑清醒的人物郑重地宣布麦斯麦是个骗子，"感应"这个概念还是一直延续下来了，毕竟这个概念已经存在约300年了，连笛卡儿（Descartes）也曾设想有一种"生命元气"（vital spirit）从松果体沿着神经往下流动。因此，又有两个维也纳医生加尔（Franz Gall）和施普尔茨海姆（Johann Spurzheim），于1820年成功地推出了一门全新的学科：颅相学（phrenology）。它的理论基础是：如果笛卡儿假定的"感应流"发源自大脑里的37个单独的器官（分别负责道德、性或智力等特征），那么你的性格可以通过触摸器官上面的颅骨隆起部分而估计出来。如果这些器官特别发达，相应的颅骨上面就会有一个隆起。例如，如果你左耳后面有一个这样的隆起，那么你就是一个好情人。（你刚才检查了吗？）

1876年有一位意大利人隆布罗索（Cesare Lombroso），是一位精神病院主任,他研究了数以千计的(活人和死人的)头颅,发现了支持人类来自猿的达尔文理论的进一步证据。正是隆布罗索,散布言论说罪犯和疯子是人类的"返祖型",他们前额倾斜(新的时髦术语是"尼安德特人",这是因为最近在德国尼安德特河谷发现了原始人骨头)。

隆布罗索的关于"罪犯特征"的言论,被保守派理解为犯罪是天生的,由此推断出"天生的"罪犯不可能被改造。另一方面,自由思想家如边沁却从头颅解读术中看出有自我改造的可能,他呼吁监狱改革。

隆布罗索的研究所导致的最惊人成果可能是它对一位年轻人产生的影响。这位年轻人曾经于1872年在精神病院里做过他的短期助手。作为助手,他要进行尸体解剖。关于与知识相对应的颅骨隆起以及低额头的说法激起了他的好奇心,他开始在厨房里将大脑切成片,用显微镜观察。他太太的叔叔是病理学家,刚好有一个显微镜给他用。

1873年的某个时候,可能是读了一些关于新的摄影化学的读物后受到启发,他把一片大脑放进重铬酸钾和氯化锇的混合物里,使之硬化,然后又把它泡进硝酸银溶液。(奇怪的是,事后没人能说服他解释他是怎样想到这个方法的。他愿意说的只是"我是用我发现的这个方法发现这个方法的"。)但是他如何想到这个方法倒是无关紧要,重要的是,当他把实验材料切成很细的薄片,晾干,然后从后面照亮时,他发现了一些东西,这些东西将改变我们对自己思维的看法。高尔基(Camillo Golgi)看见的是一个背景为金黄色的脑组织,组织里是可见的、非常壮观的、纹路细微的、黑色的脑细胞,今天以他的名字命名这些脑细胞*。从这个实验中,诞生了整个现代神经生理学。

因此,如果有人成功地发现了改进记忆的方法,那也许要感谢高尔基和颅相学迷恋者。

还有本文开头提到的垃圾邮件(……记得吗?)。

---

* 高尔基体。——译者

20 吃两片名称是缩写的药

有时,为了写一篇文章,需要阅读的研究资料让人头痛欲裂。

看看下面这段特别啰嗦费解的文字你就明白为什么会让人头痛欲裂了:"根据定理,每一年新生儿中男孩多于女孩的数学概率小于1:2;但为了使论证更有力,把它表述为在单独一年里是1:2。这样的事情连续发生82年的概率是1:2的82次方,就是说概率很小;如果不只是82年,而是好长好长时间,而且不只是伦敦,而是包括全世界,那么这个概率就变成无穷小量,至少小于任何可指定的小数。"

好,你试着读一读阿巴思诺特(John Arbuthnot)写的关于1629年到1710年伦敦出生的男女比例的统计学研究报告,看看会不会给你带来即时的紧张性精神分裂症,或者情况更糟? 幸运的是,好医生阿巴思诺特[安妮女王(Queen Anne)的私人医师,最早说学习数学对年轻人的心理健康有益的人]的个性除了哼哼哈哈装模作样外,,也有轻松的一面。业余时间他写了许多讽刺性小册子(关于当时英国试图实现欧洲和平的政治努力),从而把"约翰牛"(John Bull)的特征引进英国的民族意识。这一成果是他作为伦敦先锋派文学社——"涂鸦社"(Scriblerius Club)——的成员时的创造性产品的一部分。这些运用尖刻语言的老手们[如蒲柏(Alexander Pope)和斯威夫特]每两星期聚会一次,用一篇讽刺性地模仿某些特别狡猾的政客或其他什么人口气的下流文章,让会员们大笑一阵,然后他们会用马丁·斯克里布莱里尔斯(Martin Scriblerius)的笔名公开发表,看看他们的捣蛋行为能起到什么效果而又让人抓不着把柄。

其中一个经常参加并且喜欢这种两周一次爆笑例会的涂鸦者是享乐主义者、异性恋者盖伊(John Gay)*。他于1728年1月28日一举成名,那晚他的《乞丐的歌剧》(Beggar's Opera)首次上演,在这部歌剧中,他用"宜于歌唱的抒情歌词"取代了"意大利语歌词"。说到轰动,这部戏连续演出62场,场场爆满。说到上演这部歌剧的城市,也许这就是为什么伏尔泰的朋友(包括蒲柏和斯威夫特)会带他去看这部戏。当时这个著名的法国人正在秘密访问伦敦,他保持一种低姿态,因为之前在巴黎他曾和一位显赫的贵族有过一点争吵。这位贵族暗算了伏尔泰,使他冒失地提出他们两个就某次想象中的轻慢行为来场决斗。(瞧,伏尔泰是俗人一个。)一年之后,尘埃落定,这位著名的哲学家回到家乡度过余生,成为权贵人物的眼中钉肉中刺。毫不奇怪,他永远地成为躲避这个或那个法国国家警察头子的亡命者。

然而,他居然也过了几年快活和相对无忧无虑的日子,他躲在最偏远的香槟省,住在可爱的夏特莱侯爵夫人的城堡里。在这段田园诗般的旅居生活中,这对才华横溢的情侣(她正匆匆忙忙地在牛顿的数学上搞出什么名堂来,他也是)在一起有那种酒香不怕巷子深的效果。通向他们城堡吊门的道路上人流络绎不绝,什么人都有,其中有一位无名之辈、年轻的德国-瑞士贵族邦施泰滕(Karl-Victor von Bonstetten),他正在其欧洲大陆观光旅行**中寻求教益。

---

* gay有同性恋者的意思,所以作者特别强调他是异性恋者。——译者
** Grand Tour,这是从前英国等国家贵族子弟所受教育中必不可少的一项活动。——译者

他所寻求的并不止于此。此后不久（1774年），他说着说着就和一位不幸福的太太有了所谓的"一腿"。这个女人有一位肥胖、酗酒、梅毒缠身、自负的老色鬼老公，住在意大利，自称为英格兰国王查理三世（Charles Ⅲ）。当然他不是，尽管必须承认，几年前他曾为此头衔认真斗争过。早在1745年，这个斯图亚特王室子弟曾经作为一位干劲十足的年轻的查理王子而载入史册，他是英格兰王位的苏格兰觊觎者。他甚至带领他的苏格兰高地的乌合之众军队打到了距伦敦几英里的地方，但后来被法国人抛弃。法国人曾承诺从英吉利海峡对岸为他运送大量增援，支持他的政变，但是最后一分钟畏缩了。可笑的是，《不列颠事务》(Les Affaires Britanniques) 上那篇论证这次法国干涉为正当的宣言，其撰写人不是别人，正是伏尔泰。

总之，在损失惨重的卡洛登决战（这个王位觊觎者在这次战役中失败，因为他的手下用的是苏格兰双刃阔刀，而英格兰兵用的是大炮）之后，抢在那位郡长*之前把查理偷偷地带走的人之中有一位妇女，叫麦克唐纳。这位勇敢的苏格兰高地人把查理装扮成一个女人，偷偷带离危险地区（带到斯凯岛，乘小船驶往欧洲大陆）。碰巧的是，他装扮成女性用的别名是贝蒂·伯克（Betty Burke）。跟我没有关系**。后来麦克唐纳不可避免地被英格兰人抓住并关进监狱，之后她自己神奇地成功逃到了美国北卡罗来纳州的菲尔角地区。

在这里，同时逃来此地的许多苏格兰高地人能找到的唯一工作是为英国生产海军军需品。你烘烤长叶松树（菲尔角至今仍有很多），它就释放出树脂。树脂可以煮沸或蒸馏，做成沥青、焦油和松节油等各种材料，用于防水，包括船的外壳、绳索、铺板以及你的内脏。最后这一条是因为当时的医生喜欢用吃松节油的方法治疗大部分呼吸病和皮肤病。虽然

---

* 当时负责搜捕查理王子的是约翰·坎贝尔（John Campbell）将军，第四任阿盖尔公爵，世袭苏格兰阿盖尔郡郡长。——译者

** 本书作者也姓Burke。——译者

如此,1776年还是来到了,革命不幸发生了,我们英国人失了北卡州(以及美国其他州),因此急需找到沥青、焦油和松节油的新来源,否则英国就再也不能统治海洋了。

这就是此后不久身无分文的苏格兰伯爵阿尔博尔德·科克伦(Lord Archibald Cochrane)在爱丁堡郊外烤煤的原因,他们家族好几代人支持了错误的国王,骑错了马,站错了队。这时候科克伦的祖传财产只剩下几个小煤窑,而他希望这一烧煤活动会生产出大量黑家伙,给他换来大量绿家伙*,解决皇家海军面临的沥青、焦油、松节油赤字问题(因此也解决科克伦的银行赤字问题)。不幸的是,就在这位尊贵的伯爵出现在伦敦,向皇家海军呈上他那神奇的胶粘物制造新工艺的那一天,伦敦的英国海军部决定,给所有海军船底包铜皮。于是科克伦只剩下一堆没用的黏糊糊的黑色垃圾,最终穷困潦倒死于巴黎。

历史的变化多么令人感慨啊!科克伦的垃圾后来被证明是煤焦油,我们都知道这东西能变成什么,即你(或者化学家)能叫得上名字的几乎所有东西:人造染料、苯酚、防腐剂、杂酚、吡啶,剩下的我就不说了,只是补充一点,1890年在煤焦油内发现的多种化合物中,有一种是对苯酚再做两步简单处理而获得的。一位在拜耳公司工作的德国化学家费利克斯·霍夫曼(Felix Hoffmann)从苯酚中得到了一种叫水杨酸的物质,从水杨酸立刻就能得到乙酰水杨酸。在天然状态下,水杨酸存在于绣线菊属植物(拉丁学名是 spirea ulmaria)。于是费利克斯·霍夫曼给他的新的神奇药物起了一个缩写名——A(代表 acetyl,乙酰基),SPIR(代表 spirea,绣线菊),IN(没人知道代表什么)**。

整个缩写名(把这些字母串起来)解决了前面阿巴思诺特医生给我带来的问题。我要躺下休息了。

---

* 钞票。——译者
** ASPIRIN,即阿司匹林,解热镇痛药。——译者

21 美元从这里开始

有一天在纽约,我和同伴各自付账*吃午餐,我递上我那一份钱时,想起正是16世纪荷兰的一位博学者发明这些角分零钱的。他的名字是斯蒂文(Simon Stevin),更贴切地说是个未被大肆宣扬的英雄。他的座右铭就是那些后来光芒盖过他的科学革命巨匠们的座右铭:"貌似神秘的东西总会有合理的解释。"斯蒂文是个天才工程师,他率先推广了一种可用以替代令人头疼的中世纪式的分数计算(为了体味一下这种计算的痛苦,试计算"3/144×2/322−1/85=?")的方法。他把这种令人费解的表达式变成了科学家(甚至像我这样的数学盲)很容易使用的小数。他甚至给自己写的关于这个问题的专著起了一个对读者友好的标题:《论十进》(The Tenth)。

1585年斯蒂文当了那时荷兰北部的统治者、纳塞公国的莫里斯(Maurice)亲王的家庭教师。莫里斯对军事史有那么一点狂热爱好,认为从罗马人的战斗方式中可以学到很多东西。他组建了一支军队,恕我直言,全副武装但无处可征。也就是说,他引进了一些新技术(一本关于多人发射火枪、使用弹药筒,以及军事操练的指令手册),其中任何一项都可以让他在任何重大战役中(假如他加入)大获全胜。但是他从没涉足

---

* 各自付账,原文是going Dutch,Dutch即"荷兰",扣下文。——译者

任何重大战役,除了一次较大的冲突。这就把他的所有荣耀都留给了斯堪的纳维亚的古斯塔夫斯·阿道弗斯(Gustavus Adolphus)国王,几年之后这位国王甚至给了他的士兵更多的获胜之道。他的一个关键的改进是让火枪手排成三行,当第一行士兵正在开枪时,第二行和第三行装子弹,准备向前迈一步开枪。于是子弹便能连续不断地射向敌方。由于这一招数,古斯塔夫斯每战必赢(甚至他最后中弹身亡的那次战役也赢了),并让瑞典足足出了一次当世界强国的风头*。

瑞典的下一位统治者,古斯塔夫斯的女儿克里斯蒂娜(Christina)国王(没写错——只有瑞典君主的妻子才被称为"女王")把头发剪短,穿着男人的衣服,改奉天主教,在位仅10年就于1654年退位了。她匆匆赶赴意大利,(据怀疑)长期以来她与一位红衣主教关系暧昧。这位主教是由罗马教廷杰出官员组成的一个调停小组[人称"机动小组"(Flying Squad)]的成员。虽然一些瑞典人可能不同意,仍有许多人认为克里斯蒂娜有很多值得大家感谢的。比如:创建了罗马的第一家歌剧院,促成了贝尔尼尼(Bernini)、斯卡拉蒂(Scarlatti)和科雷利(Corelli)的事业**(她保护这些人免受罗马人的暗箭中伤)。比较不让人赞赏的,也许就是她对笛卡儿所做的事。当她还是女王(对不起,是国王)

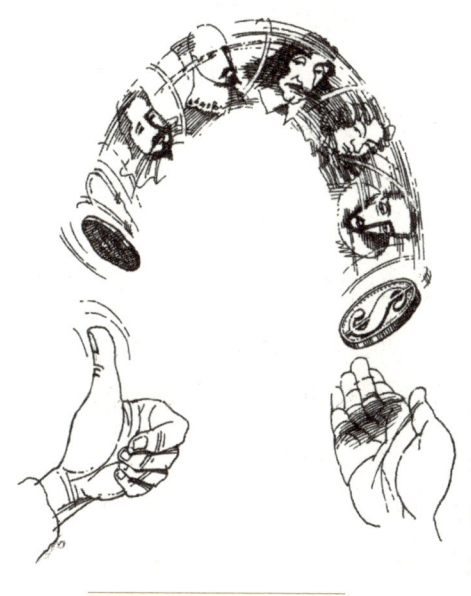

---

* 原文是 made Sweden a world power for all of fifteen minutes。直译为"让瑞典足足当了15分钟的世界强国"。其中"15分钟"的说法来自 fifteen minutes of fame,即"15分钟的出名机会",这是美国波普艺术家安迪·沃霍尔(Andy Warhol)的名言,意指当前媒体疯狂追求一切消息,每个人一生中至少有15分钟的出名机会。——译者

** 此三人均为17世纪著名的意大利艺术家。——译者

的时候，她邀请这位杰出的法国哲学家来做她的驻宫廷思想家，并责成他每天清晨5点给她上哲学课。在斯德哥尔摩，1月份，意外啊意外，他得了肺炎，死了。

然而幸运的是，他死前已经完成了著作《论方法》(Discourse on Method)，以及其他著作。这部著作教我们如何有条理地思考，告诉我们关于宇宙的一个全新观点，还有一个重要部分论述人体是如何像机器那样运作的。这一部分又包括一个小部分，论述大脑是如何通过一组导管和阀门，控制一种"动物元气"(animal spirit)流体在全身的分布，从而使身体的各部分运动的。这个想法触动了一位叫威利斯(Tom Willis)的人，牛津大学的一位富有而成功的医生。他花了几年时间准备一部论述脑物质的大作，题目是《脑的解剖》(The Anatomy of the Brain)。该书成为随后150年中的权威性著作，其中首次提到小脑的自主反应。除此之外，如果你是个神经学家，你还要感谢威利斯对你的工作性质作了描述。威利斯的书是国际畅销书，因为它是第一本以插图丰富为特色的书，这些插图非常详细，非常精确，连《新英格兰医学杂志》(New England Journal of Medicine)都会接受。

插图的作者是英格兰最伟大的绘图家、建筑师、语言学家、数学家、天气预报专家、天文学家和自大狂(唔，只有36岁的年纪，就去申请并获得修建被伦敦大火烧毁的圣保罗大教堂的合同，换了你，你得有多厚的脸皮啊)。雷恩(Christopher Wren)还是一个精明的生意人(这你不会感到奇怪)。他是首批投入新兴的股市游戏的人，并成为财源滚滚的哈得孙海湾公司的董事。想到这家公司为其投资者赚足了多少利润(至今还在赚)，而哈得孙海湾的发现者(这个海湾就是得名于他)这么劳苦功高，但回报却这么少，看来很令人遗憾。

正如许多早期的欧洲航海家一样，亨利·哈得孙(Henry Hudson)一生大部分时间一无所获。特别是在1609年，他受荷兰东印度公司委托，去寻找一条从格陵兰岛和美洲北部绕过的北极地区西北航线,以便荷兰人能把香料、瓷器和茶叶从远东运出来,而避免与西班牙和葡萄牙人发生争斗,因为西班牙和葡萄牙把南部航线给独占了。亨利沿着格陵兰岛海岸逡巡了几个月,不断撞上斯匹次卑尔根群岛和浮冰群。后来亨利放弃了,回到安特卫普,狠狠地责怪那个所谓的地图绘制员,就是把他推上这一事无成之路的人。这个倒霉的人就是从神学家转行过来的制图师普拉特富特(Pieter Platvoet),他所知道的一切(哈得孙说:"不够!")都是从真正伟大的制图师墨卡托(Mercator)那里学来的。墨卡托的地图由欧洲最有钱且兼在法国内衣上做一项利润可观的生意的出版商普朗坦(Christopher Plantin)印刷出版,从此墨卡托名声大振。

普朗坦发了一笔财。当时特伦托会议*决定让礼拜仪式标准化,并为西班牙国王菲利普二世(Philip Ⅱ)向普朗坦订购了4万多册内容相同的礼拜经文。或者说,普朗坦本来可以发一笔财的,假如菲利普能够按时付账的话。菲利普小小的财务问题是由他父亲造成的。这位父亲通过用钱向关键人物行贿的方法得到了神圣罗马帝国皇帝的职位,而这些钱是从德国银行家富格尔[Anton Fugger,那个时代的罗斯柴尔德(Rothschild)**]那里借来的(由菲利普偿还)。

当时,富格尔家族已经玩了100多年的金钱游戏了,几乎每个欧洲国王都欠他们家的债。问题在于,所有这些国王和王子都使用雇佣兵,但从来没有备好现钱来付他们的工资。富格尔家族愿意帮忙,提供了必要的资金,以换取地产、大幅减税,或特许权。其中一例这样的一揽子补偿交易包括对波希米亚山脉的采矿特权。那儿的地上有一个洞,洞里出产如此多的银子,以至于这个洞成为整个神圣罗马帝国的硬币的官方来

---

* 1545—1563年在意大利特伦托召开的与新教抗衡的天主教会第19次普世会议。——译者

** 世界著名的金融家族。——译者

源。这个矿在一个叫约阿希姆斯塔尔(Joachimsthal)的山谷里,于是这些硬币也被赋予了同样的名字"Joachimthalers"。

经年累月,这个词简化成了"thalers"。再经年累月,这个词的美国读音就成了本文开头提到的那顿饭吃完后我递交的钱的名字了*。

---

* 即 dollar。——译者

22 有益健康的花

我冒险打个赌：你（和我一样）不知道，常见的丁香花是自前一次冰冻结束算起，日均温度（摄氏）的平方和达到4264时开花的。这一惊人的植物学上鸡毛蒜皮的小事，完全是从比利时天文学家和数学家凯特莱的大脑中跳出来的。他对数字的痴迷使他于1835年还发明了一个新概念，我打赌你肯定听说过：平均人（average joe）。凯特莱收集关于普通人在犯罪、酗酒、结婚、死亡、成高个子、自杀等倾向上的数据。最后他说他发现这些数字里有如此多的规律性，以至于有理由相信可以有一门叫做"社会物理学"的科学，把行为分析建立在数学的基础上。

凯特莱把他关于这个问题的一些早期思想带到1833年在剑桥召开的英国科学促进协会的一次会议上，会上他说服其他有相同意向的好事者们成立一个伦敦统计协会，把这项事业进一步进行下去。当时，英国对各种各样的社会分析已经达到了饥不择食的地步，这是由于过于拥挤的工业城市的生活条件已经使劳动阶级快要闹革命了。人们特别渴望寻求这样一些基本的统计数据：有多少贫民家庭会唱一支快乐的歌，有多少挨饿的母亲会编织，哪一些污秽的小屋通过改变墙上贴着的印刷品而惹人注目地散发出追求高尚情操的气息。

伦敦统计学会的第一任主席是凯特莱在剑桥认识的一个书呆子，他想法很多却没有那么多时间去做。这些想法中包括：从伦敦到利物浦的

一根通话管和玩连城游戏*的一种自动化装置。这个人就是巴比奇,他是当时最伟大的数学家之一。他的脑袋是个推进器,就像螺旋桨那样,我猜这就是为什么他真的找到时间发明出来的东西之一是踩水鞋。然而他一生中大部分时间是在筹集资金,建造两台用齿轮传动的计算机器,这两台机器太复杂,他从未造出一台能用的。其中一台使用穿孔卡片,并且存储了程序,对此我想说的就是这些,因为阿达(Ada),即洛夫莱斯伯爵夫人(Countess Lovelace),为我们讲得太多了。

她是个贵族,巴比奇的赞助者和宣传者,她把巴比奇介绍给所有合适的人。作为(他们说)对巴比奇给她一台赌博系统的回报。正如他的机器一样,这个系统从没起作用,而且还导致了一些流言蜚语。这有点像阿达那短命的父亲拜伦勋爵,他成年后很多时间在地中海东部旅行。1809年在那里,他遇见一个古怪的家伙,名叫高尔特(John Galt),这家伙正在策划一起国际大骗局。那时拿破仑的大陆封锁政策正在摧毁英国的出口工业。高尔特的主意是,通过伊斯坦布尔,越过匈牙利边境,把英国产品从后门偷运进欧洲。高尔特的这个成问题的冒险计划刚刚开始就流产了。

---

* 即两人轮流在一个"井"字形的空格内画圈和叉,以先将三个圈或叉连成一线者为胜。——译者

他的主要客户芬利（James Finlay），苏格兰格拉斯哥的棉纱制造商和独断专行者，接手了这一计划，终于在短时间内（在拿破仑战败前）非常成功地建起一个遍布整个欧洲的偷渡网络。芬利是工业革命的所有鼓励者和引导者的好友，阿克赖特（Richard Arkwright）自不例外。1771年阿克赖特的水力纺纱机使棉纱工业从单件外加工生产变成工厂大规模生产。单一动力源（水）就使数以百计的辊子和锭子转动起来，把纱线抽出来，捻搓起来，绕成线团，准备用于织布机。5年后，关于一种单一动力源（蒸汽）的专利获得批准，这种动力源可以驱动阿克赖特的机器和其他任何你能想到的机器设备。瓦特的蒸汽机遍地开花，以至于他都来不及做有关的文书工作。

于是他接下来发明了一种复写机器。文字（或任何待复写的图样）要用一种特殊的墨水写在纸上，墨水中含有阿拉伯树胶。写完原件，紧贴着一张湿纸卷起来，这样湿纸上就出现了要复写的内容（保留24小时）。1823年马萨诸塞州康科德城的达尔金（Cyrus P. Dalkin）把这个想法改进了一下：把纸的一面涂上石蜡和炭黑，往这张蜡纸上写的东西就被复写到了下面的纸上。达尔金称这一产品为"复写纸"（carbon paper），并把它卖给美联社。1868年美联社派了一位记者负责报道饼干制造商罗杰斯（Lebbeus H. Rogers）的气球升空事件。唔，那是一个选择的时代。罗杰斯在气球飞行结束后，在美联社的办公室里接受采访。当他看见达尔金的纸时，马上决定放弃饼干和气球，转而做复写纸生意。1873年，他去参加新奇的打字机的展示会，会上他说服打字员试用一下他的复写纸。余下的故事就是历史了（人们反复讲述的一段不寻常的历史）。

罗杰斯看见的打字机是由雷明顿公司生产的，因为他们有多余的生产能力和可以制造副产品的机床。当时已几乎没有人需要雷明顿公司以前制造的其他副产品，而美国国内战争一结束，枪的需要量也急剧下降。雷明顿公司曾经是最成功的枪支生产商，其销售额只有科耳特公司可以与之竞争。科耳特生产左轮手枪,因为他的水雷生意失败了。这也许是因为他于1844年在(美国马里兰州)波托马克成功地在5英里之外用水雷炸毁了一艘船后,不愿意向海军部透露其中的奥秘,所以海军部不会把钱给他。而当俄国人要求伊曼纽尔·诺贝尔为他们制作水雷时,关于他的水雷操作原理,他的态度就开放得多。到1853年克里米亚战争开始时,"奥加廖夫上校家和诺贝尔先生家包租的机械和生铁铸造厂"(Colonel Ogarev's and Mr Nobel's Chartered Mechanical and Pig Iron Foundry)已经在俄罗斯周围布雷12年了,其中一个布雷的地方是塞瓦斯托波尔海港。这使得支援克里米亚作战部队的联合舰队被迫在巴拉克拉瓦海角抛锚,结果被11月14日的一次强劲飓风完全摧毁,7000吨的医疗用品和衣物沉入海底,让英军面临一个可怕的冬天,饱受肺炎、饥饿、痢疾之苦。

一个星期之前,一名非凡的女性南丁格尔来到了克里米亚。她和随同一起来的38名护士度过了那个可怕的冬天,目睹了英国军队的医疗服务实际上有多么糟糕。她听说了几个传闻:英国军医推荐的最好的抵御疾病的方法是抽烟或留小胡子(这样就能过滤细菌)。在一个康复中心,1000名腹泻病人共用20个便壶。医院里病人在满是血污的地板上做手术。伤口经常5个星期没有包扎。大多数情况下,医院死亡率几乎达到50%。到战争结束时,英军18 058死亡人员中,90%死于疾病。当这些事实出现在英国国内的报纸上时,引起了震动。由于南丁格尔这上千页充满了骇人听闻的数字的报告,克里米亚战争成了军事医学的一个转折点。

南丁格尔对统计数据的痴迷始于她对植物学的爱好。正是在她做一些植物分类工作的时候,她偶然看到了一条统计定律,逗得她直乐,并使她与定律的发现者建立起终生的友谊。这个定律就是关于丁香花开花时间的凯特莱定律。

希望所有这些能引起你一些有用的思索。

23 现在谈谈天气

说起来真好笑,最近有一天,我跑进现在称为先贤祠的巴黎教堂,躲避又一场从大西洋横扫而来的暴风雨,而我当时正在给一个家伙拍摄一组连续镜头,他告诉我们为什么雨总是从那个方向来。因为先贤祠里悬挂着傅科于1851年做的那个伟大实验的装置,在这个实验中,他把一颗62磅重的炮弹用一根200英尺长的钢琴丝悬挂起来,用绳子把炮弹拉向一边,然后烧断绳子,释放这个球而不影响它的运动。摆球下面的地板上铺了一些沙,球摆动了几个小时之后,在沙子上留下的轨迹首次从物理上证明了哥白尼是对的。随着摆球在惯性空间里的摆动,摆球下挂着的记录针划出一根根线,线的方向随着脚底下地球的转动而改变。重要的是,这一演示后来成为白贝罗(Buys Ballot,参见这里的其他地方*)及其他人关于全球气候是如何受地球从西向东自转影响的气象学思考的基础,从而使傅科顿时成名。

然而傅科的名字越叫越响还有其他原因。他改进了调节器,使弧光灯点燃时炭棒之间保持合适的距离,这使灯的效率足够高,可以用于戏院这样的公共场合。1892年的一天,药剂师穆瓦桑(Henri Moissan)晚上休息去看戏时注意到了这种灯。回到自己的实验室,穆瓦桑把电弧用于

---

* ballot有一义为"旧时秘密表决时用的小球",扣前面的"摆球"。——译者

另一个完全不同的目的：为他的电弧炉提供能源。这使炭棒烧得温度极高，几乎做成了人造钻石。穆瓦桑是个非同寻常的人，于1906年获得诺贝尔奖。他分离出了氟（没有因此致死），写了300多篇科学论文。1897年冬天他还给一位住在巴黎的年轻的波兰女物理学家一些铀粉，于是她开始研究这种粉末的一种神秘能力：使周围空气"带电"。这是居里夫人（Marie Sklodowska Curie）发现这一"放电"现象真相的第一步，后来她称之为"放射性"。

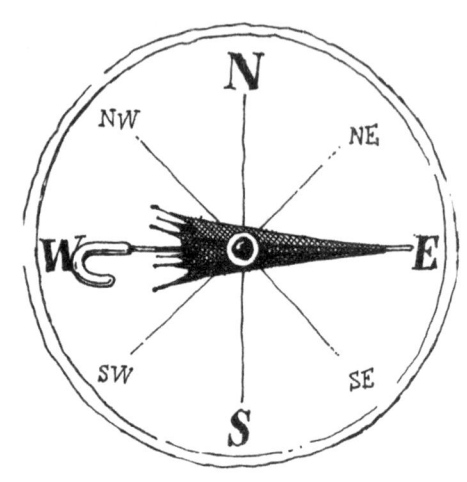

玛丽当时刚刚结婚，步入居里家族。居里家族有很深厚的平等主义、科学和解放的传统，这种传统大部分来自爷爷保罗·居里（Paul Curie）。他在19世纪初是新基督教的追随者。新基督教是由一个怪人圣西门（Henri de Saint-Simon）创建的教派。这个圣西门曾经非常穷困潦倒，6次自杀未遂。圣西门的想法是对宗教进行更新，使其更贴近现代世界。新基督教发起书中说到属于具有实践知识，一般地，属于具有令人赞颂的工作和资本主义道德的人的精神力量。毫不奇怪，到1830年，工程师、金融家和商人都穿上了在新基督教徒中流行的服装，谈论着自由性爱（正是新教的这一方面，最终导致了它的衰落）。

新时代的一位"科学迷"，肥胖的银行家昂方坦（Prosper Enfantin），令圣西门黯然失色。他在圣西门死后成为新基督教的救世主。昂方坦谦逊地把自己看成半个耶稣基督，另一半是一个还没找到的精神伴侣。他曾经旅行到埃及去寻找新娘（但从没找到）。他为圣西门的一个想得入迷的奇怪念头兴奋不已：修运河。昂方坦于1847年为苏伊士运河（这是他关于把东西方连接起来的一个愿景）所作的勘查，后来成为他跟有权势的费迪南·德雷赛布子爵争论的依据,而当时德雷赛布已修成了所提议的运河。

费迪南是一名外交官,他父亲(拿破仑的法国领事)挑选了一名不识字的士兵并任命他为埃及总督。所以费迪南在开罗做什么都不为过。当他建议修苏伊士运河时,这正合那位总督想带给他的国家更多美誉(而不是可怕的噩梦)的心意。修运河花了费迪南10年时间和25 000名劳工,运河于1869年11月正式开通。开通仪式是历史上一次比较盛大的狂欢,出席者必须穿宴会小礼服并带黑领结。用"知名人士"形容这些出席者已不是很贴切。有8000人出席宴会,每个人都很注意礼仪,很在意是否得到他们应得的席位。只有几个人不必操心这些讲究,其中之一是法国拿破仑三世的妻子欧仁妮(Eugénie)皇后,她恰好是费迪南的表妹。

拙文的热心读者会知道,当欧仁妮还是一个西班牙小孩时,她就遇到了法国小说家梅里美(Prosper Mérimée)并成为他的好朋友,他令她着迷。你知道古谚云:善待青云直上的人。现在有了好回报。欧仁妮嫁进皇家,梅里美就成了"皇家月"*的调味品,并很快在巴黎以及伦敦的有闲阶层中大受欢迎。梅里美在伦敦认识了帕尼齐,他是大英图书馆的顶级书虫,特能侃。如果列出英格兰值得认识的人的名单,帕尼齐一定名列前茅。帕尼齐本人是1823年逃到英格兰的,当时意大利秘密警察对他盯梢有点儿太紧,使他感到不舒服,因为他曾经与那些被称为烧炭党人的可疑的家伙们混在一起。这些烧炭党人想要在意大利实现各种不切实际的东西,如言论自由等。

帕尼齐的自由论观点(以及他的口音)在利物浦变得非常有名。利物浦是他的第一个停泊港,他在那里被引见给罗斯科(William Roscoe)。罗斯科除了是一个极端的意大利迷(本人也是。在我看来,意

---

* 每年8月的第二个星期开始,英国王室要到苏格兰度假,至9月底返回。这一期间,王室成员会举行各种活动,伦敦的白金汉宫也会对公众开放。——译者

大利是某种病,人一旦染上就不可救药)和洛伦佐·德·美第奇*(Lorenzo de'Medici)的传记作者以外,还在不同时期是银行家、植物学家、反奴隶制度活动家、利物浦下院议员、出版商和珍稀书籍收藏家(以及逃亡的自由主义者)。1806年他还写了一部童话名作《蝴蝶的球和蚱蜢的美餐》(The Butterfly's Ball and the Grasshopper's Feast),立即赢得国王和王后的喜爱。这部书后来被哈里斯(John Harris)收进他的第一部大获成功的儿童系列丛书。

哈里斯是纽伯里(John Newbery)的继承人。纽伯里是英格兰第一个印刷有插画的书籍,尤其是儿童书籍的出版商。他的伦敦出版社坐落在圣保罗大教堂的院子里[他在那里还印刷了哥尔德斯密斯(Goldsmith)**和约翰逊(Johnson)***的书]。1780年,纽伯里版权书单中有一本书叫《鹅妈妈童话》,是从法语翻译过来的。原书的作者夏尔·佩罗还有一项并不确定的业绩:在建造凡尔赛宫期间管账。夏尔·佩罗是三兄弟之一。他的一位兄弟克洛德(Claude)参加了卢浮宫和巴黎天文台的一点设计工作,他的另一位兄弟皮埃尔(一名收税员,监守自盗时被抓个正着)是水文学的奠基人。他曾和一个名叫马略特的人一起工作过,这人把皮埃尔的工作写成他自己的工作。由于这种以及其他类似的伎俩,马略特竟然导致了一些众怒。惠更斯(Huyghens)就指责他剽窃。

17世纪70年代,马略特做了一件几乎肯定是他自己做的事,即组织起横跨欧洲的一系列数据站,从中他可以整理出一份关于全球和欧洲刮风情况的报告。

这使得本文开头提到的傅科最终所证明的结论首次得以理论化:由于地球的自转,潮湿的冷空气从西向东移动。

---

* 美第奇(1449—1492),佛罗伦萨统治者,罗马教皇利奥十世之父,诗人和艺术保护人。——译者

** 哥尔德斯密斯(1730—1774),英国诗人,剧作家,小说家。——译者

*** 约翰逊(1709—1784),英国作家,评论家,辞书编纂者。——译者

24 在轨道上

不久前的一天,我坐在火车上,在酒吧里品尝着冰啤酒,心里想,当我还是个孩子时,火车跑起来总是咣当咣当响,而现在它怎么会只是嗡嗡地轻声滑过。我认为这是轨道连续焊接的缘故。我所坐火车的吧台后面有一个小冰箱,上面写着"Linde"。我想起来在某处读到过林德(Carl von Linde),冰箱的发明者之一,他是被当地的啤酒酿造商推上他的制冷事业的。这些啤酒酿造商希望他们的啤酒大桶保持冰凉,从而在夏天也可以酿造他们的琥珀琼浆。而林德同时还是一名机车工程师,有这样巧的事,所以我想,应该有篇文章写一写这事了。

的确，林德不仅仅推动了火车、冰箱和啤酒的事业。1875年，他开始在慕尼黑理工学院教书。一年后，一位曾经有过孤独童年、专注于燃烧效率问题的年轻学生受到他的鼓励。唔，世界之大，无奇不有。这个年轻人在他专注的事情上几乎什么也没做出来，却卖起了林德的冰箱，直到1897年，他突然搞出一台神奇的发动机，镇住了所有人，因为据说这种发动机能够使用任何燃料，从煤粉到花生油。在石油短缺的欧洲，对那些关心运输费用的人来说，这消息就像一首甜美的音乐。所有人，从驱逐舰舰长到农民，无不欢欣鼓舞。

这样，狄塞尔（Rudolf Diesel）一夜之间发了大财，举世闻名。让我们为孤独的童年和专注欢呼吧！狄塞尔发的财很多来自于出售分销权。其中一个在大英帝国的分销权卖给了一位美国人。他干得非常出色，以至于英国给他封了一个爵位：海勒姆·马克西姆爵士（Sir Hiram Maxim）。马克西姆给英国人提供了第一批成功的机枪，这样机枪随后迅速以各种形式为各大军事强国采用。这是继狄塞尔之后又一个令世人踏破门槛的例子（信不信由你，马克西姆也曾设计了一个较好的捕鼠器）。马克西姆机枪是一种改变世界的武器，因为它在第一次世界大战中使几十万军人离开了人世。由于有了马克西姆，历史学家们深情地称第一次世界大战为"机枪战争"。而空中的屠杀最具有英雄气概，机枪在空中的表演产生出一种新的连环漫画人物：战斗机王牌飞行员。最著名的莫过于普鲁士不怕死的贵族曼弗雷德·冯·李希霍芬，即红男爵。他击落了80架敌机，负责一个称为"飞翔马戏团"（Fly Circus）的空军中队［比巨蟒剧团（Monty Python）*早多了］。他的名言是："每当我击落一架英国飞机，我的捕猎欲望就得到一刻钟的满足。"最后，曼弗雷德赢得的勋章

---

* 20世纪60年代后期成立的一个英国搞笑剧团，港译"踎底喷饭"，即"蹲下喷饭"的意思。1969年英国广播公司（BBC）推出了由这个剧团表演的"飞翔马戏团"，一炮走红。——译者

多得一下子戴不完,被他的同事们赞誉为唯一能够以螺旋下降的方式头朝下倒飞着从空中格斗中脱身,还能马上辨明回家的路在哪个方向的人。

从某种意义上说,他的叔公费迪南德·冯·李希霍芬(Ferdinand von Richthofen)也能。费迪南德是一位地理学家,他写下了首部研究中国的权威著作,其中他阐明了地形对经济的影响。后来,他去加利福尼亚继续研究,在那里他报告了康斯托克矿脉。然后回到德国,在那里(在他身居高位的朋友的帮助下)他被授予莱比锡地理学主席的位子。费迪南德对人类知识宝库的真正贡献是他发明了地方图编制学(一个地区是如何由许多小区域组成的)以及地理因果关系学(这些小区域如何彼此相互作用)。当然,关于这两个新学科绝不是这么简单的两句话,但本文只是随笔。

费迪南德在莱比锡的继任者是个叫里特尔(Ritter)的家伙,他把人的因素引入地理综合体中。主要是受(德国)浪漫主义运动的影响,里特尔对人文地理学(是他发明的)的兴趣起源于赫尔德阐明的人与自然的关系。关于赫尔德我前面提过多次。里特尔还深深地受到他与探险家洪堡(Alexander von Humboldt)仅有的一次会面的影响。洪堡刚刚在南美度过了5年,他爬过安第斯山,发现了地磁赤道和洪堡洋流,以及奥里诺科河的源头,还进行了数百次的天文测量,我说得够多了吧。洪堡还使今天的地图赏心悦目。在回家的路上,洪堡顺便在蒙蒂塞洛停留,拜访他的导师杰斐逊(Thomas Jefferson)。和他一样,杰斐逊也是一名环保主义兴起前的环保主义者。

说句公平话,除了在生态学方面外,对杰斐逊还有一点东西可说,比方说他还是美国第三任总统和弗吉尼亚州里士满的州议会大厦的设计者,但是有人说设计这栋大厦的功劳应该归于法国的第一流制图员、杰斐逊的朋友克莱里索(Charles-Louis Clerisseau)。克莱里索也没有从亚当那里得到应得的报偿。亚当是苏格兰建筑师,他使新古典主义成为富人和名人(至少在伦敦)的生活方式。他后来赖以赚钱的手艺很多是从克莱里索那里学到的。当时他们俩一起在意大利和达尔马提亚呆了几年,绘制古代遗迹,并使亚当有了主意。1758年亚当回到英国,迅速发迹,很快雇用了3000名工匠,对各种风格的豪华古宅进行修复。他的诀窍是让你那破败不堪的立柱看起来像帕台农神庙*一样。

他雇用的一名工匠就是博尔顿(后来成为瓦特的合作者),此人专长于制作铜锌合金和各种金属框架。博尔顿拥有一家公司,从鞋带扣到剑柄什么都做。因此在1786年他知道如何设计蒸汽驱动的硬币印模机。当时货币伪造非常猖獗,使政府很担心,正在考虑替换硬币。博尔顿的机器每分钟能压出硬币的枚数由其设计复杂度而定,最多达120枚。到了1792年,他已经拿到了东印度公司、塞拉利昂公司、美国老殖民地、法国、百慕大和马德拉斯的铸币合同。5年后,英国铸币局顶不住了,请他铸造新的2便士、1便士、半便士和法寻**硬币。

1817年,硬币设计向更优雅的图案发展,铸币局请来意大利雕刻师皮斯特鲁奇(Benedetto Pistrucci),他带来一架图样缩放仪。

皮斯特鲁奇首先做出新硬币外观设计的大尺寸铸铁模型,然后用固定在刚臂一端的缩放仪针头描绘这个模型的轮廓,刚臂下方的一个旋转切割刀在一个原寸铸模上复制出按比例缩小的设计图案。皮斯特鲁奇利用这个缩放仪,首次把圣乔治(St. George)***的头像和龙刻在英国沙

---

* 希腊雅典卫城上供奉雅典娜女神的主神庙,建立于公元前5世纪,被公认为多利斯柱型发展的顶峰。目前庙顶已毁,仅剩周围的立柱与立柱上的部分横梁。——译者

** 英国旧时面值1/4便士的硬币。——译者

*** 圣乔治(?—300?),英格兰主保圣人,基督教殉教者,生平不详,传说曾杀蛟龙救一少女。——译者

弗林*和克朗**上。然而这个新的古典式造型并没有使皮斯特鲁奇得到总雕刻师的职位,他毕竟是个外国人。皮斯特鲁奇在怨恨和失望中死去。几年之后,硬币设计模型被制成电铸版,而相应的铸模用钢制成,这是新任铸币局局长兼合金迷罗伯茨-奥斯汀(William Roberts-Austen)的功劳。他的一种钢合金被称为奥氏体。

在他完成了令钱生钱的工作后,他还利用钢合金铁路轨道使我乘坐的火车(见前面)行驶平稳。

到这儿我该下车了。

---

* 英国旧时面值1英镑的金币。——译者
** 英国旧时面值5先令的银币。——译者

25 有人吗？

有一天晚餐后，我们几个正寻着开心，玩一些不伤害人的把戏，如桌灵击、酒杯自移*。有人要我们看看查尔斯·达尔文是不是在我们周围。我们看了，他没在。这主意是席上某个人提出的，他最近正在看关于那个伟大的未解之谜的材料：谁是最早提出进化论思想的人？

是查尔斯·达尔文，还是华莱士（Alfred Russel Wallace）？华莱士是位自学成才的勘测员和昆虫迷（在马来群岛的6年中，他搜集了125 660种爬虫！）。1858年在婆罗洲时，华莱士告诉查尔斯·达尔文一些关于物种起源的朴素思想。等不及你说完"是我首先想到的……"这句话，查尔斯·达尔文已经出版了他的巨著《物种起源》。有一些人认为……你知道

---

* 这些都是利用魔术手法骗人的迷信活动。桌灵击是桌子自己发出敲击的声响，表示有鬼魂在敲桌子；酒杯自移类似。——译者

那是指什么。也许我们应该看看华莱士是不是在周围,而不是查尔斯·达尔文,毕竟华莱士是唯灵论运动的领头人,他声称从未见过哪个灵媒是骗子。

当时其他的一些杰出科学家也持这种观点,其中包括自命不凡的物理学家洛奇(Oliver Lodge)教授。像华莱士一样,洛奇也对思想传递特别感兴趣。他最有名的工作恐怕在于另一项同样难以探测到的信息传递形式——无线电。为了研究无线电,他想出一个主意:取一小管铁屑,当微弱的无线电信号经过时,这些铁屑会聚合在一起,以此可作为探测器。(我知道另外有个人也做了这件事,我在别处会谈到。)洛奇的这个小玩意为加拿大人费森登(Aubrey Fessenden)的工作铺平了道路,使他于1906年成功地发出连续的无线电波[与马可尼(Marconi)和其他人发出的间断性电波信号不同],用来传递声音信号。

听到这种广播方式的消息,联合水果公司顿时兴奋异常*。有了无线电,他们就可以安排他们的货船、货车在同一个时间抵达同一个地点。这真是个绝妙的好方法。这样的精确度在香蕉贸易中很关键,因为香蕉长得很快,你一年中可以收割多次。种植者正是这样做的。快速生长意味着快速成熟,所以尽快把水果送到消费者手中是明智的。我知道这件事是因为我读了一部康多尔(Alphonse Candolle)写的特别乏味的大部头书。康多尔是19世纪研究香蕉种植方面的大腕**(好了,不开水果玩笑了),他接他爸爸的班,经营日内瓦植物园。

他爸爸大康多尔是另一位日内瓦的科学家索叙尔(Henri Saussure)的朋友。这个人是世界级的地质学明星,他的论地质变化过程的文章使人们意识到,地球的存在时间比(当时官方说法的)5000多年还长一些。

---

* 原文为 went promptly bananas,系美国俚语。其中 bananas 与 banana(香蕉)的复数形式一致,扣下文的"香蕉"。——译者
** 原文为 top banana,系美国俚语,也是扣"香蕉"。——译者

这又为前述的达尔文的工作奠定了基础。由于现在索叙尔非常有名，也由于他对勃朗峰很着迷，瑞士人考虑以他的名字改称这座山。可是"索叙尔峰"念起来不像前者那样铿锵有力，所以他们只好作罢。

不管怎么说，索叙尔有一个最喜欢的学生阿尔冈，索叙尔把这个学生引荐给巴黎科学界。到1783年秋，阿尔冈忙着帮助蒙戈尔菲耶兄弟为国家科学院放飞他们的试验气球。几星期后，这兄弟俩把气球上的鸭子和鸡换为人，实现了首次载人气球升空。这让富兰克林感到惊异和兴奋，他马上回到美国，就美国需要制出第一架飞艇而上蹿下跳。结果，没有引起任何人关注。事实上，在法国，热空气如此特殊应用的想法整个儿地遭到拿破仑的反对，所以刚刚组建的法国气球军团被解散了。这对于一个名叫孔特（Nicholas Conte）的人来说是坏消息，是他鼓动着要成立热气球军团的。他离开后发明了新式铅笔芯，但那是另一个故事了。

与此同时，美国南北战争开始了，人们对航空的兴趣又复苏了，其中以洛（Thaddeus Lowe）教授（很奇怪，美国的气球驾驶者被授予这样的学术头衔）为代表。他那坎坷不平的飞行生涯于1862年6月2日到达顶峰（他本人也到达顶峰），当时他乘坐他的"企业号"热气球盘旋在奇克哈默尼战场上方2000英尺处（终于造出了首架飞艇）。伦敦《泰晤士报》报道说，洛能够向他的北方联邦上司（在他下面）报告南部联合军队（也在他下面）的一举一动。这是通过顺着锚绳引到地上的电报线实现的。

告诉洛这个窍门的人是麦克莱伦（George McClellan），波托马克军的一位将军，一个年轻的奇才，他看出洛及其气球的潜在情报能力。麦克莱伦做的另一件聪明事是建立起陆军情报机关，这是在一名箍桶匠出身的私人侦探的协助下完成的。麦克莱伦在战前雇用这个侦探看护伊利诺伊中央铁路公司的财产，当时麦克莱伦是这家铁路公司的总裁。如果我还告诉你这家公司的律师就是林肯，你就能猜出这名侦探是谁了——平克顿（Allan Pinkerton）。有了这些身居高位的朋友，平克顿侦探得以建立起全国最有名的侦探事务所。是平克顿首先认识到罪犯有其一贯手法。他还是化装大师。他的案例记录簿读起来像黑社会名人录，其中包括：詹姆斯(Jesse James)、卡西迪(Butch Cassidy)和基德(the Sundance Kid)*。

但是平克顿最出名的工作涉及一帮爱尔兰恐怖分子(或无政府主义者或激进分子或别的什么名字)，人称莫利·马圭尔社(Molly Maguires)**。他们在宾夕法尼亚州煤田一带活动，涉嫌纵火、暴力、谋杀。平克顿决定打入这帮人内部。1873年，他派麦克帕兰(James McParlan)混进这帮人之中。麦克帕兰很适合做这件事，他是爱尔兰人，天主教徒，而且粗鲁。没花什么时间，麦克帕兰做得太好了。就是说，莫利们很喜欢他，不久就邀请他参加他们的暗杀小队。为了躲避这种差事，麦克帕兰开始酗酒，以此让莫利们相信他是一个酒鬼。这一招很有效，可是过火了，因为他真的变成了无可救药的酒鬼，最终因戒酒而默默无闻地死于丹佛。但他两年内每周都送一次给平克顿的秘密报告，已经使当局掌握了足够多的线索和证据，最终，将莫利们绳之以法，有几例判了死刑。

然而麦克帕兰的工作并没有完全被遗忘。1914年他成为小说《恐怖谷》(Valley of Fear)中享誉世界的英雄，唔，他**本来应该**是，如果不是作者给书中的侦探主角起了另外一个名字的话。结果麦克帕兰的英勇行为挪到了(当时已经享誉世界的)夏洛克·福尔摩斯(Sherlock Holmes)身上。具有讽刺意味的是，同麦克帕兰的命运一样，《恐怖谷》也成了福尔摩斯的最后一个案子。

---

* 有一部著名的美国电影 Butch Cassidy and the Sundance Kid 就是以这两个人为原型的，中文片名译为《虎豹小霸王》或《神枪手与智多星》。——译者

** 有一部著名美国电影 Molly Maguires 就是以此为蓝本，中文片名《莫莉马贵》。——译者

后来，福尔摩斯的创造者阿瑟·柯南道尔爵士（Sir Arthur Conan Doyle）转而用另一种媒介*表现自己，就是围着桌子坐一圈，搞我那天晚上玩的那一套。因为1914年柯南道尔已经停止写作，接手华莱士和洛奇撂下的事业：他成了心灵研究学会（Society for Psychic Research）的领头人。

希望你觉得这篇专栏文章引人入胜。

---

* 原文是medium，又有"灵媒""巫师"之义。——译者

26 土耳其之乐

前不久一个寒冷的晚上,我正在看电视,脑子里想着阳光、沙滩、大海等等,突然屏幕上出现一则广告,赞美我最喜欢的度假胜地土耳其的旅游和文化景点。屏幕一角闪现出郁金香(差点是土耳其的国徽)等,以及古城特洛伊的废墟。特洛伊是1872年德国怪人谢里曼(Heinrich Schliemann)"发现"的。

谢里曼是一位白手起家的商人,他在加利福尼亚金矿发了一笔财,然后在俄罗斯推销染料,又发了一笔财。有一次他被荷马(Homer)的史诗迷住了,决定花一大笔钱,证明《伊利亚特》(Iliad)中的故事、特洛伊木马的故事,以及所有关于因海伦(Helen)而发动的1000艘战船的诗情描述,都真正发生过。他失败了,但是他的工作后来激励了真正的考古学家们作更进一步的考察。另一方面,谢里曼在考察中的同伴是一个医学天才(也是个荷马迷),名叫微耳和(Rudolph Virchow),他以其专横跋扈而被称为"德国医学教皇"。不管怎么说,他实际上启动了公共卫生学,他还被誉为细胞病理学的创立者。

正是微耳和发表了使医学发生变革的重要言论:"所有细胞都来自其他细胞。"他指出细胞是生命和疾病的最小单位,这为化学疗法铺平了道路。由于上述所有原因,微耳和给谢里曼这个离奇古怪的、脾气极坏的骗子和窃贼带来了他拼命想要的东西:科学名望的光环。但是微耳和去特洛伊也有自己的原因。他是一名业余的人类学家，对人类文化史有兴趣。

人类学或多或少是由布鲁门巴赫（Johann Blumenbach）在德国创立的，他有许多成就，其中之一是把头盖骨形状和人种划分联系起来。他把一个头盖骨放在两只脚之间看下去，就能看出人种的不同。这种方法被他的追随者称为"布鲁门巴赫姿势"。用这个方法，布鲁门巴赫把人类分成5个种群，每一个他都起一个名字，其中一个名字至今还比较常用："高加索人"。1724年布鲁门巴赫被要求去调查"野人男孩"一案。这个男孩是在汉诺威发现的孤儿，据说是史前人类的活的实例。布鲁门巴赫最后推翻了这一观点，但是在这之前，这个男孩已经被送到伦敦由女王的御医照料（并被展示，在哲学家中引起大量讨论）。这位御医就是我在前面提到过的一位绅士，阿巴思诺特医生，他在概率统计方面的工作使一位无精打采的荷兰人赫拉弗桑德（William's Gravesende）振作了起来。

1736年这个人（他的生活甚至在热情的传记作家笔下也被描述为"平淡无奇的"）在莱顿大学教牛顿哲学时，有一位法国人前来拜访，这位法国人正在写一部全面介绍牛顿这位伟大的英国物理学家工作的著作。也许要感谢赫拉弗桑德提出的意见，这个法国人因这本著作而成为欧洲最有名的科学作家，他的名字是伏尔泰。

伏尔泰碰巧还认识阿巴思诺特，因为这位法国思想家在伦敦时，他们曾经见过面，当时他与阿巴思诺特一起去看一出引起轰动的戏剧，即盖伊的《乞丐的歌剧》。这是第一部真正的抒情歌剧，大张旗鼓地讽刺抨击了当时的政治体制。除了令作者深深陷入当局给他带来的麻烦之外，盖伊的作品在有闲阶级中大获成功，史无前例地上演了62场，创下了票房纪录。

盖伊的天才最早是被竹瑞街剧院经理里奇（John Rich）发现的。所以有评论说，这部戏的巨大成功使"盖伊发财，里奇高兴"。里奇本人善于识别哪些东西能让戏剧观众满意,这就是为什么他还上演了第一部真正的芭蕾,由一个名叫韦弗(John Weaver)的人编导。这个人从新出版的一本译自法文的舞蹈设计书中搜来了一些关于舞步的知识。原书的素材又是作者从路易十四的舞蹈教师博尚(Pierre Beauchamp)那里偷来的。博尚是第一个使芭蕾的五个基本脚位定形的人,他发展了一套完善的方法来注解舞蹈动作,并引入了法文芭蕾术语,如跳跃(jeté)和双人舞(pas de deux),这些术语至今仍在使用。毫不奇怪,作为国王的舞蹈教师,博尚需要和国王的音乐教师吕里(Jean Baptiste Lully)密切合作。吕里是一个狡猾的意大利人,他的姓名是改过的*,他还为新建的法国军队谱写了第一首军队进行曲。

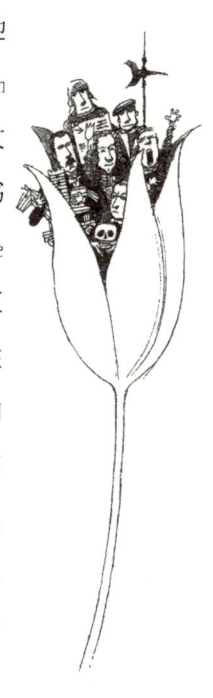

这支军队之所以为新,是因为它是欧洲第一支全职的职业性常备军。这一军事事务上的激进做法是由法国国防大臣卢瓦侯爵(Marquis of Louvois)予以完善的。他认识到,路易十四那些狂妄自大的胡言乱语,意思是说现在是该使法国强大的时候了。这就要做一些设法使其他国家不强大的事。一支军队将有助于此。卢瓦还看到,如果充分利用新式的燧发滑膛枪和插座式刺刀,打起仗来就没有那么多的砍杀和吼叫,而是显得较为纪律严明、训练有素。也就是说,带着像钟表那样的精准性,士兵们制服统一、排列整齐,机动和开火都依照统一号令。卢瓦关于永久化职业性常备军的新概念,最终废除了使用雇佣军打仗的传统做法。

这一军事重建工程使瑞士人垂头丧气。瑞士人历来是欧洲雇佣兵的最好来源,这主要是由于使他们大受欢迎的技术——长矛枪方阵。在这种方阵中,大量长矛兵站在少量火枪手周围,手持20英尺长的尖锐的

---

* Jean Baptiste Lully 是典型的法国人姓名,而不是意大利人姓名。——译者

长矛保护他们。每当敌人的骑兵出现时，他们把长矛平放，形成一种刺猬阵形。这时敌人的骑兵就会停步，由火枪手把他们击毙。新式的滑膛枪和刺刀把这两件事合而为一了。

瑞士有一小块地区不在意这一高技术对就业市场的破坏，那就是苏黎世州。因为在此前一段时间，他们已经撤消了他们的雇佣兵合同，这要感谢一位名叫乌尔里克·茨温利（Ulrich Zwingli）的"摇喊"派教徒的活动。到1520年，这个宗教改革煽动者已经成功地把他的社区居民从天主教堂中拉出来，灌输以非罗马的思想：封斋期可以吃香肠，神父可以结婚，教堂中取消管风琴，摘掉圣像和圣画，停止弥撒，仪式上用德语而不用拉丁语，日落后禁酒，禁止穿低帮鞋等。有些令人扫兴。

茨温利的教子，一个名叫格斯纳（Conrad Gesner）的蹩脚文人，同样是个虔诚而懦弱的人。他用22种语言编了一部主祷文，还编了一部特大的目录，囊括了有史以来印刷的所有书籍。他用类似这样的东西取悦乌尔里克。格斯纳搞的另一件事情是给动植物制定一个新的（第一个）分类体系，动物按照其生理机能分类，植物按照其形状和种子分类。

作为后面的这一植物学工作的一部分，1576年格斯纳还出版了一部书，书中包括新近从外国引进的、一种令人为之倾倒的新品花的第一幅欧洲素描。

就是那天晚上在电视屏幕上出现的郁金香。

27 纯粹的诗

送给我

你那些疲乏的贫困的

挤在一起渴望自由呼吸的大众

自由女神像上的这首诗提醒我们,最精心准备的计划也会经常被"墨菲定律"不幸言中*。

1871年,法国刚刚战败于普鲁士,法国政府开始了后来为人熟知的布谷鸟钟(每次报时时,一只机械鸟一进一出)式的做法。在当时政治气候不稳定的情况下,法国政局正在君主政体、法国大革命的恐怖和温和的共和政体之间摇摆不定,其中第三者急于找到一条途径,避免回到前两者的道路上去。

于是法国政府想造一座巨型雕像,由法国建造,献给共和理想,将它矗立在纽约港(这个一百多年前法国曾为其独立提供资助的国家的门户)。这座雕像将提醒那些想回到恐怖的旧时代的法国人牢记这两国之间的纽带,并时刻提醒他们记住法国那自然的但"温和的"共和主义。主意不错,但15年后,这一巧妙的政治手段被并不傻的美国人挫败。这要

---

* 墨菲定律的意思是:如果某件事有变坏的可能性,那这种可能性就会成为现实。——译者

归功于刻在雕塑底座上的拉扎勒斯(Emma Lazarus)献给美国的赞美诗，它使得自由女神像从1886年揭幕的那一天起，就很少被看成是美国对法国有恩于美国的承认，而更多的被看作是美国对移民(甚至对那些在法国受迫害而逃亡的人)的门户开放政策的宣言。

建造自由女神像的法国工程师是埃菲尔(Gustav Eiffel)，最热门的典范式人物，众多桥梁和沟渠都挂在他的名下。几年后，他实现了建造世界上最高塔的梦想，所采用的是他非常成功地应用在自由女神像上的重量很轻的锻铁桁架结构。1889年铁塔完工时，以986英尺之高矗立于巴黎，而且费用低于预算。埃菲尔已经准备好面对大量"与周围景观不协调"的批评，所以把他的铁塔设计得容易拆毁(1909年险些被拆毁，但是在无线电报的新时代，它的天线高度救了它)。

埃菲尔以及许多其他人利用铁塔的高度进行实验，不然的话，这些实验就需要利用气球。他从塔上扔下各种机翼研究它们的降落性能，结果令人鼓舞，促使他在塔基下建起一个风洞(从此启动了科学的空气动力学)。此后不久，法国空气动力俱乐部的主席在此进行了类似的空气动力落体实验，然后又在铁塔上建起一个90英尺的压力计，以检测各种液体和气体的压力。

他进行这一活动的原因是他正在探索极冷。卡耶泰(Louis-Paul Cailletet)经营着他父亲的铸造厂，一直在寻找办法为新的贝塞麦炼钢法提供氧气源。如果温度足够低，氧气就能以液态形式贮存起来，如果需要随时都可以用(如果你能设法存贮它)。不管怎么样，1877年卡耶泰成功地得到了液态氧，方法是通过降低气压使气体温度降低。然而还没等他宣布成功，从日内瓦发来一封电报，制冷工程师皮克泰(Raoul-Pierre Pictet)宣称自己也做出来了，只是方法不同。皮克泰的方法是用一个"级联"过程，其中有一系列的冷却气体，它们的液化温度一种比一种低，每种气体冷却它的下一种气体，最终使氧气液化。

不久后，一位苏格兰人迪尤尔（James Dewar）对达到绝对零度着了魔，他利用这些技术，于1898年成功地得到液态氢。在-260℃的温度下*，迪尤尔得到了固态氢，离他的冷却目标（绝对零度）仅差14℃。迪尤尔做得这么好的一个原因是他发明了绝热夹套（这可以解决卡耶泰为炼钢而存储氧气的难题），这个绝热夹套是把两层镀银的钢或玻璃之间抽成真空以使冷却的物体保持低温状态。这种防止冷却液体气化的性能，使迪尤尔的最完美的冷却技术声名远扬，

吸引了所有希望看到自己钟爱的项目在低温下将会怎样的人。其中一个人就是新近因发现镭而闻名的皮埃尔·居里（Pierre Curie）。于是迪尤尔帮助皮埃尔·居里研究在极低温度下镭的行为，特别是镭所吸收的气体。

居里夫妇最初是通过把成吨的沥青铀矿倒进大桶熬，使之浓缩，然后测量沥青铀矿的各种特性，从而成功地发现了镭。其中一个特性是，这种浓缩物能非常微弱地使其周围空气带电，非常微弱，微弱得几乎无法探测，最后居里夫妇利用一种压电晶体的特性才测量到了电荷。压电晶体（如石英）通过其形状变化甚至对极小的电荷也会作出反应。

居里夫妇最热心的支持者之一（这个热心的意义不单纯，因为他后来成为居里夫人的情人）是朗之万（Paul Langevin），他常年在实验室里帮

---

* 原文为At 260 degrees Centigrade，似有误。——译者

助他们俩。后来朗之万继续探索压电晶体能做的其他事情。当它们的形状受压改变时,会释放出电荷。1917年,他制出了后来被称为"朗之万三明治"的东西,它由一层石英夹在两层钢片之间组成。电击石英会令其每秒钟变形亿万次,这使它建立起共振。如果把它放在船壳上,外面的钢片层会向水中传送强烈的共振信号(朗之万早期在实验水槽里做实验时杀死了许多鱼)。这个信号碰到敌人的潜艇(或任何固体,如暗礁或水底)就会反弹,使钢片振动,从而使石英晶体共振,产生电荷,进而产生那种你在所有水下战争影片里都会听到的熟悉的砰砰声。这就是声呐。

压电晶体这种特性的首次发现是在1802年左右,是由巴黎圣母院的教士勒内-朱斯特·阿维(Rene-Just Hauy)得到的。他还因一篇论石榴石和冰岛晶石(你自己去弄清楚这是什么吧)的晶体形态的论文,好不容易地成为法国科学院植物部的准会员。勒内-朱斯特·阿维研究了为什么晶体打碎后会变成始终如一的相同形状的碎片,从而奠定了现代晶体学的基础。由于这一了不起的成就,勒内-朱斯特·阿维被授予很多荣誉和重要职位,但他仍过着节俭的生活,把所有钱用来支持他的兄弟瓦朗坦(Valentin)的工作。

瓦朗坦于1784年创办了巴黎第一所盲童学院。1826年布拉耶(Louis Braille)成为其中的一名教师。3年后,他发表了今天广泛使用的阅读体系:6个点排成两行,每行3个点,共有63种可能的轧花组合,用来表示字母、常用词、标点、数字等等。稍后豪(Samuel Grindley Howe)访问了这所学校,他于1832年成为首批美国盲人教育学院之一的波士顿帕金斯学院的院长。

正是豪的妻子朱莉娅(Julia)后来写下了一首伟大的美国赞歌:《共和国战歌》(Battle Hymn of the Republic),一首与刻在自由女神像基座上的那一首同样伟大的赞歌。

28 幸亏他没打中

有一天我正在伦敦动物园,盯着一头水牛看,心里想到这样一个事实:建这种动物园最早的出发点是企图"窥见上帝的意图",重现诺亚方舟上成双成对的动物环境。这多亏了像英格兰北部一个不知名的小地方的乡村牧师佩利(William Paley)这样身份卑微的小人物的工作,他于1802年提出的理论博得了每一个人的称赞,就像现在的混沌理论一样。

不过佩利的理论是**有序**理论,他在一部题为《自然神学》(Natural Theology)的巨著中解释了一切。抓住公众想象力的是他认为自然的每个部分都像钟表一样:是被有目的地设计的。所以:鹤不会游泳是因为它们的脚没有蹼,因而它们的腿很长,使它们能够涉水。所以对于早期的动物园管理员,如果你能把所有现存动物汇聚在一个地方,你就能窥见上帝在创世时他老人家(人们认为是"他"而不是"她")的想法,而且可能弄清楚这位天国钟表匠的"宏伟设计"。

有一个人希望通过成立伦敦动物学会把这一理论付诸实践,他是佩利的狂热爱好者,在他担任英国驻爪哇岛总督的短短期间内,他把大部分时间花在丛林里,掠取各种动物:走的、爬的、飞的或长时间呆坐的。这个人就是斯坦福·莱佛士爵士(Sir Stanford Raffles)(真是人如其名*),

---

* Raffles 的意思是"衣冠楚楚的窃贼",扣下文。——译者

正是他狡猾地为英国获得了长时间租用新加坡的租约。回国后他瞬间成为大人物。1826年他得到了伦敦动物园的职位，这要归功于另一位大人物汉弗莱·戴维爵士（Sir Humphrey Davy），他成功地游说议员，让莱佛士成为动物园园长。

戴维大概是你所能知道的最伟大的科学巨匠之一，一位非常杰出的大科学家，所以尽管当时英法正处于交战状态，有点不太方便，但他还是获得了拿破仑的法国科学院的奖章。在23岁的弱冠之年，汉弗莱的化学实验已经给人以深刻印象，因此他得到了伦敦皇家学院助理讲师的职位。他关于流电学（即电学）的首次讲演得到热烈好评，让女士们神魂颠倒。1806年，他成为伦敦皇家学院的院长，并成为电化学方面最热门的专家。因为这种人总是什么都懂，所以当1812年发生了一起92人死亡的矿难时，人们请戴维前去解决沼气的问题。这种空气和甲烷混合的爆炸性气体在地下经常出现，如果你恰好带着点燃的蜡烛遇上这种气体，你就死定了。一转眼，戴维就给出了解决方案。他设计了一种灯，它的火苗被精细的金属网纱罩起来，这样火苗燃烧，但周围气体不会燃烧。

结果戴维被他在皇家学会的朋友们授予巨额奖金。最不幸的是，一位未受过教育、不知名的煤矿工人声称他做过同样的事，甚至更好，却没有得到奖金。幸运的是,这个人还有别的鱼可钓。当时煤矿矿主们正担忧拿破仑战争使马饲料的价格不断攀升,因而急需另一种搬运动力。于是在1829年,这位被怠慢的制灯人乔治·斯蒂芬森(George Stephenson)发明了一种蒸汽驱动的运动机械,称为"机车",顿时成为铁路大亨,到处受到皇室宴请。好事来得虽然晚了点,但总比没有强。他的火车也一样。

乔治的儿子罗伯特(Robert)接他父亲的班,成为一位著名的工程师,于1850年开通了他的革命性的大不列颠大桥。这座大桥通过两条巨大的让火车通行的铸铁管道把英格兰和威尔士连接起来。这座桥可能创下了有吉尼斯黑啤酒之前(我没有喝过这酒,所以不知道"之前"是什么时候)的吉尼斯纪录。这个纪录就是:在一种由穿孔卡片控制的精巧自动机械所打的孔里,至少敲进了2 190 000个金属销子。这使罗伯特的朋友布鲁内尔颇受启发,他认为这绝对是个迷人的*想法,因为他自己的一个项目需要3 000 000个金属销子(这两人是维多利亚时代的人**)。

1866年,布鲁内尔设计的称为"大东方号"的蒸汽舰船,一艘当时已知的最大的船,正缓缓驶入纽芬兰岛的哈茨康坦特湾。它拖着第一条成功越过大西洋的电报电缆的一端(另一端固定在爱尔兰巴伦西亚岛),为一个叫菲尔德(Cyrus Field)的人工作。菲尔德是一位退休的美国造纸业百万富翁,他拥有所有这条2500英里长的电缆(另外一条1000英里长的电缆也是他的,早先断掉了,现在仍在海底)。现在传到纽芬兰岛岸上来的莫尔斯电码对他的 ..-.- ....***来说就像音乐一样。

莫尔斯本人就是菲尔德的顾问之一,他拥有铺设电缆的经验,早在

---

* 原文是 riveting,rivet 义为"铆钉",有双关之意。——译者
** 维多利亚时代(1837—1901)的建筑以巨大构筑和精美装饰为特色。这里也可能是指维多利亚时代服饰十分华丽,有许多饰钮。因为这里的销子 stud 又义为"饰钮"。——译者
*** 莫尔斯电码 EARS,即"耳朵"。——译者

1844年他曾在巴尔的摩和华盛顿之间铺设过电缆,传送了第一份电报"What hath God wrought"(上帝创造了何等奇迹),让国会目瞪口呆。但不是很目瞪口呆,还不能使他们为他的想法提供资金。幸运的是,他的业务经理是一个很精明的人,名叫肯德尔(Amos Kendall),前美国邮政管理局局长,莫尔斯的巴尔的摩—华盛顿电缆就是通过他管辖的领地。正是肯德尔,建议莫尔斯最好成立一家私人电报公司,而不是要求政府资助。作为这个令人熟视无睹的主意的回报,肯德尔将得到莫尔斯挣得的第一笔10万美元的10%,以及以后所挣钱的50%。这样到了1864年,你猜怎么着,他成了非常富有的人。因为他的妻子是个聋子(和莫尔斯的妻子一样),肯德尔决定把他的一部分钱财拿来资助建立第一所国家聋哑学院(即现在的加拉德特大学)。

19世纪中叶,美国人对听说障碍很感兴趣,就如何治疗有很多争论。另一位白手起家的、也在通信领域发了财的人物建起了几所口吃学校。这个人就是法戈(William Fargo),他自己就是一个结巴。他是在纽约做货运代理时开始自己事业的,随后他与韦尔斯(Henry Wells)合伙于1850年成立了一家快递公司,称为"美国运通公司"。那一年有55 000人向西去了加利福尼亚,其中36 000人由海路去,大部分邮件也是经由海路,因为陆路有些不安全,人们可能会死于干渴或中暑,还有美洲原住民沿途设置的障碍,这些都使得陆路交通成问题。

像以前一样,金钱可以克服这些小小的不便。1858年在科罗拉多和堪萨斯发现了金矿,2年后,矿工们就能收到满头大汗、风尘仆仆的邮差亲手递送的信件了,因为他们在最后100英里骑马全速飞驰。韦尔斯和法戈运营这一奢侈、短命的挨门挨户服务的西部一段,称为"快马邮递公司"。说它奢侈是因为它损失了大笔金钱,说它短命是因为它仅仅运营18个月就停止了。这时,1861年11月,连接美国东西海岸的电报通信工程完工。

然而在此前,有一名骑手已经离开这家公司,给堪萨斯太平洋铁路公司提供肉食去了,因为此人除了骑马飞快以外,还是一名神枪手。唔,幸运的是,还不是绝对的弹无虚发。尽管他创下18个月里射杀4280头动物(一天就是69头)的纪录,震惊四座,使他赢得"水牛"的绰号,但科迪(Bill Cody)可能还不是那么棒,否则那天我就不可能在伦敦动物园观赏到那头健壮的水牛了。

好了,我得走了。

29 干杯

最近,一位酒吧招待为我开一瓶奎宁水,夸张的手势弄得瓶子叮当作响,这令我想起佩因特(William Painter),这位发明了王冠封装公司的瓶盖的人[他后来自毁了他进入名人纪念堂的机会,因为他建议他的一位名叫吉列(Gillete)的销售员发明了一种类似的一次性用品*,名声更大,使瓶盖黯然失色]。

不管怎样,瓶盖封装技术历经玻璃球、软木塞和铁丝或蜡等早期尝试,封装的冒泡软饮料终于在1851年伦敦水晶宫世博会上由施韦普斯(Jacob Schweppes)首先推出。当时他卖掉了大批软饮料,实现了几十年前苏打水的发明人、早已去世的普里斯特利的梦想。让饮料嘶嘶起泡(当时人们认为这样能治愈黄热病)是普里斯特利比较成功的工业化学

*指吉列刮胡刀片。——译者

研究成果之一,他所有的灵感都来自于他在某一所伟大的新教徒学院中接受的现代教育。

这些学院原是克伦威尔(Cromwell)的清教徒共和国失败后,不愿意接受君主政体复辟的新教徒于17世纪晚期在英格兰建立起来的。这些人开办自己的学校的原因是,他们拒绝宣誓效忠(天主教的)君主,结果那些如此"不服从国教"的人不准上大学,不准当选国会议员,不准在大城市布道或经商,不准在军中任职,所以他们自身的发展机会在某种程度上受到了限制。

新教徒学院的新课程包括一些前所未闻的科目,如科学与现代语言,这主要是受捷克自由思想家和教育家夸美纽斯(Amos Komensky)*的思想的影响。这位波希米亚神学家于1641年来到英格兰,他的两部关于教育学的著作——《大教学论》(*The Great Didactic*)和《幼儿学校》(*The School of Infancy*),给清教徒们留下深刻的印象,请他任职的聘书像雪片一样飞来,其中之一就是接任一所没人听说过的美国新英格兰的学院——哈佛——的院长一职。夸美纽斯没接受这一职位,他宁愿集中精力进一步发展他的哲学思想,其中包括实在的思想,以及实在是如何由不可分的最小元素构成的思想。据说这个概念给了德国数学怪才莱布尼茨以灵感,使他构想出基本实体,他称之为"单子"。随后他在1675年为度量无穷小量而发明了微积分(当然如果你是英国人并相信微积分全是牛顿发明的,那就另当别论)。

使莱布尼茨着迷的另一件(更大的)事情是图书馆。他担任的汉诺威选帝侯图书管理员的职位基本上是个闲差,给他这个职位是让他撰写这位公爵的家族史(他没有完成)。在巴黎购书时,莱布尼茨显然受到了一本教你如何打点自己的图书馆的教科书的影响,那里面告诉你如何编

---

* Amos Komensky是他姓名的捷克文拼法,我国一般以其德文拼法Amos Comenius译作夸美纽斯。——译者

目、如何选择标题、如何掸掉书上的灰尘、如何对待图书馆工作人员等。这本书虫所喜爱的书是1644年由诺代(Gabriel Naudé)写的,这个说话算话的人,为他的老板、法国的马萨林(Mazarin)红衣主教收集整理了一个有4万卷藏书的特大书斋。于是马萨林盖了一所房子,把整个书斋放进去,并对公众开放。

诺代的书还吸引了英国贵族和学者伊夫林(John Evelyn)的注意,他是第二年在欧洲旅行时偶然看到这本书的。伊夫林最后翻译了这本书,并给了他的朋友一册,这位朋友用它来整理他汇集的一堆材料(他选书的标准是书的尺寸而非书的内容,色情书例外),作为撰写英国海军历史的宏大计划的一部分。完全是由于这位按大小选书的藏书家佩皮斯(Samuel Pepys),1688年才有一些海军方面的事情可写。作为英国海军大臣,正是佩皮斯确保大英帝国能够统治海洋,他的政策是引进标准化的军械,制定常规的造船计划,规定薪水和晋升的正式级别,明确军纪条例,设立养老金以及培养从船头到船尾什么都懂的新一代海军舰长。佩皮斯的改革中唯一的标志性失败就是信号标志系统。当时的信号系统真不怎么样。

当时,在无风的日子里用几片软沓沓的旗子能够表达的内容很有限,这一点用以下的事实可以很好地予以说明。即使是在大风天,如果舰队司令想邀请你吃午餐,旗舰也得挂起一片桌布;如果他们想要木头,就得挂起一把斧头。到1794年,事情有了一点改进,但是从英国政府的角度看,真正的问题在于海军传递消息还不够快,尤其是在伦敦和朴次茅斯的舰队司令部之间。因此在同一年,当发现一名法国战俘随身携带了一份全新的旗语通信系统指令[是不久前由沙普(M. Claude Chappe)发明的,而且已经被英国的死敌——拿破仑采用了]时,得到消息的随军牧师甘布尔牧师大人就马上向当局提出改进建议。甘布尔的旗语使用一个木框,带有依照编码模式开关的5扇活动遮板,可以用望远镜在一定距离以外看见。用一系列站点接力传送这些模式就能把消息在几分钟之内从朴次茅斯传到伦敦。不幸的是,另一位牧师又提出了一点小改进,此人恰好还是一位伯爵的四公子,于是平民出身的甘布尔的主意就完蛋了。于是他转而去购买外国专利了,其中一项专利就是法国的食品保存工艺。

到1818年,最近的一次去加拿大北极地区寻找西北航道的探险活动启航了,探险队带着新的罐装食品(这次探险还带着40把伞,作为送给因纽特人的礼物)。这个冒险计划在其探寻目的上最终失败了。但这段经历却吊起了詹姆斯·克拉克·罗斯的胃口,他是这次探险活动领头人的侄子,也参加了这次活动。1829年,他领导了自己的冒险活动:在同一地区附近寻找磁北极*。1831年6月1日上午,当詹姆斯·罗斯用一根新西兰亚麻细绳吊起一根磁针时,磁针的倾角达89°39′,几乎垂直,这使詹姆斯·罗斯确信磁北极就在脚下。他在北纬70°3′17″,西经96°46′43″的这个地点用一个锥形石堆作为标记,插上旗子,并宣布磁北极属于大不列颠和威廉四世(William Ⅳ)国王(詹姆斯·罗斯不知道,即使在他说这话的时候,漂游不定的磁极正在向其他地方漂呢)。

按照探险家的惯例,詹姆斯·罗斯给他关注的一些荒无人烟的地方起了名字。这些名字包括布西亚半岛、布西亚湾、费利克斯港等。由此你可以猜出,一位叫布思的人值得纪念。实际上,如果没有布思慷慨捐赠的2万英镑,詹姆斯·罗斯的整个航海计划可能落空,磁北极就不会(暂时地)属于英国,我也可能无法使这个连环故事像所有其他短文那样结束:回到起点。

还记得那家酒吧吗?除了奎宁水以外,酒吧招待倒进我的杯子里的另一样东西,就是那个使布思发了大财,足以资助极地探险的东西:布思杜松子酒。

---

* 这里的介绍与本书第5篇"印象派"中的有关内容似有出入。——译者

30 名字里有什么

不久前,当我徜徉在华盛顿特区史密森学会(Smithsonian Institution)的技术史珍藏室里时,不禁想到,进化似乎使得我们人类成为地球上唯一能够自觉评价自己的过去的动物。

也许这就是为什么在 1801 年,马奇(James Macie),这位科学涉猎者、诺森伯兰公爵的私生子,把自己的姓改为这个贵族世家的姓。他父亲的去世意味着没有人能阻止他这么做了。马奇有两个出名的成就:(a)他写了一本你不可能买到的专著,讲述一种奇怪的名叫竹黄的竹节汁;(b)他设计了一种改进了的新方法制作优质咖啡。他被选入装模作样的皇家学会,可能在很大程度上仰仗于他那非常富有的科学家(和贵族)朋友——氢气的发现者亨利·卡文迪什勋爵(Lord Henry Cavendish),他把马奇庇护在自己的羽翼下(贵族行为理应高尚——所有人都知道马奇是个私生子,但没人出来挑明),并允许他随意使用自己在伦敦的私人实验室。

卡文迪什本人是一个迷恋过去的人(他穿着他祖父那个时代的衣服)。有人描述他"经常局促不安,近乎病态",他走来走去,突然发出大叫。他还陷入关于水的组成成分是"谁先发现"的争吵中。这场争吵的起因是皇家学会把卡文迪什 1783 年的论文《对空气的实验》

(*Experiments with Air*)的日期搞错了(晚了一年)。既然当时所有人,还有他的狗,都在同一时间研究同一问题,皇家学会的这种错误就导致有人指控卡文迪什的整个成果都是从瓦特的一篇类似论文中剽窃来的。最后卡文迪什和瓦特在皇家学会的宴会上友善地达成和解,瓦特回到他与博尔顿共有的伯明翰工厂继续搞他的蒸汽机。

1779年,博尔顿录用了一个叫默多克(William Murdock)的求职者,这人在面试时把帽子掉在地上,给博尔顿留下了深刻印象。当时帽子落地时声音很大,让博尔顿吃了一惊,默多克解释说帽子是用木头做的,是他在车床上旋出来的。博尔顿雇用默多克是明智的选择。默多克继而发明了"太阳行星"传动系统,把瓦特的蒸汽泵轴的前后推拉运动转变成旋转运动,驱动了工业革命的车轮。随后他使得这些旋转(以及工业革命*)运行得更起劲一些,因为他使得所有事情都可以在夜间做。1803年,由于一项默多克已经试验了11年的工艺(而且他是从别人那里偷来的:见别处),博尔顿—瓦特工厂成为第一个采用默多克那惊人的、当然也是有些臭味的、新式煤气灯点亮的工业区。

唔,对于49年后海德堡的一位化学家来说,这并不那么惊人,因为他需要一种没有那些恶臭杂质的火焰。这人就是本生。本生对冒烟的东西很着迷(而且孜孜不倦地调查研究这些东西),如冰岛的火山和间歇泉啦,英国和德国的工厂烟囱啦,等等。本生特别关心从铸铁厂烟道中流失掉的大量热量,想设计一种办法回收利用它们。所以他是研究热的热门人物。这就是为什么他的名字对任何做过实验的学生来说都很熟悉。本生发明的燃灯产生一种无光的煤气火苗,除了你燃烧的东西,没有任何其他杂质。实际上,本生在他的伙伴基尔霍夫(Gustav Kirchoff)的协助下,挑选了大量材料。是基尔霍夫给本生出了这个主意。

同经常发生的那样,基尔霍夫的主意也是从别人那里得来的,那人

---

* "革命"与"旋转"在原文中用了同一个词revolution。——译者

是一位名叫夫琅禾费(Joseph von Frauenhofer)的玻璃工人。几十年以前,他检查玻璃瑕疵的方法是:让阳光穿过三棱镜产生彩虹,他透过玻璃观察这彩虹里的细细的暗条纹。这样就很容易看出玻璃中的瑕疵,因为瑕疵使这些暗条纹起伏不平或者变模糊。基尔霍夫和本生受到这种暗黑色的"夫琅禾费谱线"的启迪,他们以本生灯为光源,开始把所有东西都烧一烧,并观察它们透过棱镜的光。今天我们称这两人当时做的事情为"光谱学"。你让燃烧物发出的光穿过棱镜,然后观察燃烧物所独有的一组频率(颜色)组成的光谱中的暗纹。在你的表中查找这些暗纹,就知道这个燃烧物是什么了。如果表中没有,就说明你发现了新物质。做这件事情,你需要的仅仅是微量的待鉴定物质。

最后这一点于1864年让一位英国人索比(Henry Sorby)感到很兴奋。这个人经常带着他的妈妈一起参加所有科学会议和他的所有探险活动,而且他对微小量很着迷。索比开创了岩石切片技术,他能把岩石切得很薄以至于你能透过岩石切片看报纸,然后用显微镜研究岩石切片的结构,看看岩石是如何形成的。(例如,小洞穴或小气泡的形状表明了这块岩石的产生是热的结果还是压力的结果。)因为索比的某些岩石样本是远古的,所以他能就地球的遥远过去发表有意义的见解。他一得知海德堡本生实验室取得的进展,就马上拓宽了他的领域(到大约亿万分之一英寸),他在显微镜末端粘上一个分光镜,分析所有东西的微观构成,从毒品到秋天的树叶。正是在观察秋叶的时候,索比发现了使树叶变黄的东西:胡萝卜素。几乎所有红黄橙生物的这种鲜艳颜色都是由于有这种色素。

1876年,一位在罗马研究青蛙视网膜的德国人博尔,在寻找使得眼睛在明亮和昏暗的光线下都能看见东西的视色素时,也发现了这种胡萝卜素。博尔发现,亮光使视网膜内的感光"视杆"褪色,从紫红色变成橙色再变成白色。进一步研究表明,当光线再次变暗时,逆转这一过程的物质是一种胡萝卜素（缺少这种物质就会得夜盲症,于是第二次世界大战中轰炸机飞行员夜袭之前吃大量胡萝卜成为惯例）。同时,博尔访问了柏林,他把自己的工作解释给各个科学机构的权威们听,其中包括普林斯海姆。

普林斯海姆的专业是辐射物理学,特别是红外辐射。为了研究红外线,他开发了一种特殊的辐射计,这是一种专门为测量辐射能而设计的仪器。这个装置后来被证明在科学上是难以使用的,它的表现不是人们所想的那样。辐射计[即如今常在礼品店里看到的称为"光磨"（light-mill）的玩具]是由维多利亚时代德高望重的著名实验家克鲁克斯（William Crookes）发明的。它由4个小叶片组成,叶片一面用灯黑涂黑,装在一个十字杆的4条臂上,十字杆搁在一个放在茶杯里的钢轴顶端,保持着微妙的平衡,整套装置罩在一个玻璃容器里,玻璃容器被抽成高度真空。当光线射进这个小仪器,它就开始旋转。克鲁克斯（以及大多数人,包括普林斯海姆）把这一效应归因于光粒子对叶片的冲击。令人尴尬的是,正如英国研究流体专家奥斯本·雷诺（Osborne Reynolds）指出的,他们错了。他说,真相是:叶片涂黑的一面变热,使得藏在灯黑里的极少量气体膨胀并释放出来,正是这些释放的气体,而不是光,推动了叶片转动。大家都闹了个大红脸。

克鲁克斯泰然自若,正忙于其他研究呢。除了发明阴极射线管和当选为皇家学会主席,他还给自己谋了一个自由职业——化学顾问。由于维多利亚文化的模棱两可,可能不出你意料,克鲁克斯的性格中还有另一个不为人知的方面。他从一位姓金（Katie King）的鬼魂那里得到快感。这位女士会在降神会上降临,有人在那里拍下了她和这位走火入魔的发明家臂挽着臂的照片（克鲁克斯还见证了许多其他超自然现象,例如自动弹奏的手风琴、飘浮在空中的水壶、意念控制的家具）。

克鲁克斯的很多同时代人和他一样对唯灵论入迷,包括一位年轻人华莱士，他关于这方面的文章很有名，他感兴趣的另一个主要方面倒不这么有名。他花了几年时间在马来群岛考察，他在那里的众多成果之一是，确定了一条特别的地理分界线，在这条分界线的东西两侧，物种看起来完全无关。作为对这一不寻常现象的调查结果之一，华莱士形成了一种自然观，这种自然观本可以把他推到科学的头版头条，要不是他的性格过于谦和的话。他轻易被人说服，让另一位得到同样结论的博物学者，在伦敦地质学会上宣读他俩合写的论文，然后将这篇合作论文作为一本书出版。这本书动摇了自然史界的根基，但是只有一位作者的名字。

本文开头提到，我在史密森学会技术史展览上想到了"进化"，这个"进化"是"达尔文进化"而不是"华莱士进化"，原因就在于此。这也是我开篇谈到马奇的原因。他就是那个留下遗产建立史密森学会，并永远地记录下他值得骄傲的历史感的人。

因为马奇在他的公爵父亲死后，用的姓是"史密森"(Smithson)。

31 长羽毛的朋友

有天晚上我正读着济慈(John Keats)的《夜莺颂》(Ode to a Nightingale)(啊,为什么不呢),想到我在英国读书时,怎么没有人告诉我们发明浪漫主义的不是英国人。浪漫主义其实开始于18世纪末的德国,始作俑者是魏玛的一帮科学家兼哲学家兼末流作家,他们大部分都有"家庭问题",像歌德、谢林以及奥古斯特·施莱格尔(August Schlegel)和弗里德里克·施莱格尔(Friedrich Schlegel)兄弟俩。正是奥古斯特(他的妻子被他的兄弟迷恋,最后她却和谢林私奔了)为参加这个过度感情化的(touchy-feely)新式运动的每个人制定了浪漫主义的规则,这些人包括济慈。

不管怎样,1804年奥古斯特不幸爱上了有闲阶层的沙龙皇后斯塔埃尔(Germaine de Staël)夫人,她以领口低、对几乎所有事情都固执己见、正在被法国警察通缉而知名。可怜的大施莱格尔打算让她的余生在满欧洲的社交活动中度过,他当她的哈巴狗,并希望她不要有那些情人。周旋于情人中间,她仍然完成了一部关于德国文化的重要著作,写了一部"体验"小说,把奥斯汀(Jane Austen)的鼻子气歪。她尖酸刻薄地评论皇帝,树拿破仑为敌。这就是她受到法国安全部门通缉的原因。拿破仑会这样激烈地反对她,这件事却很可笑,因为在很大程度上正是她父亲内克尔当法国财政部长时在法国预算管理上的无能,才导致了一系列混乱事件,让拿破仑有机会掌握国家最高权力。

1778年,法国大革命前,内克尔收到了一位名叫阿尔冈的瑞士发明家的请求。阿尔冈发明了一项新的白兰地蒸馏工艺,他想要在法国南部享有专卖权,作为报答,他将把这项技术公开。内克尔同意了。到了1782年,阿尔冈已经建立起3家酿酒厂并进行了生产。但夜班还有问题。所以,作为一个发明家,他发明了一种灯,我在另一篇文章中已经阐明了这件事。不管怎么说,由于当时处于工业革命中的英格兰是一个什么事——技术方面的和市场方面的——都会发生的地方,所以到1784年,阿尔冈让他的灯由一位名叫博尔顿的人在英格兰制造。这个精明的家伙在伯明翰开了一家工厂,从阿尔冈的灯、鞋扣、大奖章到蒸汽泵什么都造。

博尔顿的合作伙伴是瓦特,瓦特的蒸汽泵非常成功,性能很好,这要感谢他(在格拉斯哥大学当修理工时)得到了一位化学系教授布莱克的帮助。布莱克做过一些酿造威士忌酒的实验,并发现了潜热,这就促成了瓦特将蒸汽机的冷凝器独立出来的主意,从而使他的蒸汽泵比其他蒸汽机运行得都好。布莱克的另一位门生是医科学生格雷厄姆,这个人在他那伦敦的"健康圣堂"(Temple of Health)里,用骗人的电疗法而名利双收。他雇用了一个妓女出身的年轻女人埃玛·莱昂。

逃过了各种贵族公子哥的魔爪,埃玛最终成了英国驻那不勒斯王国公使威廉·汉密尔顿爵士的情妇,后来又成了他的妻子。正是在意大利,威廉爵士开始"收集"最近从附近的庞贝古城和赫库兰尼姆的废墟挖掘出来的古董花瓶和各种文物。当积累了足够多的这种非法出售的罗马陶器和希腊破头像时,他就不时地整理一下,为伦敦的识货且富有的买家编一个目录。这些古典主义小玩意图片书中的一本使一位英国陶瓷艺人韦奇伍德顿生灵感,他设计了著名的新古典主义成套餐具,供女王使用,而且为了很好地引起公众的注意,称之为"女王器皿"。

韦奇伍德总是在明亮的月夜与一群自由思想家、共济会会员、贵格会教徒聚在一起。他们爬山越岭,到某人家里围坐一圈,讨论各种问题,从科学问题到美国反叛者的最新活动什么都谈。有一个和韦奇伍德一起参加这些"月光协会"聚会(他们每逢满月聚会)的人叫普里斯特利,他因支持美国人而终于受难,他的实验室被一群暴徒烧毁了。此后不久,1798年,普里斯特利越过大西洋,和他所敬重的美国佬在一起了,并且(作为当时少数几个移民美国的杰出欧洲科学家之一)受到各界宴请。在一次耶鲁大学的教职员宴请他的时候,他遇到了一个神经兮兮的年轻化学教授西利曼(Benjamin Silliman),并让西利曼佩服得五体投地。西利曼有一点疑病症,他正在研究"有疗效的药物"什么的。于是普里斯特利(苏打水的发明者)马上就成了他的学习榜样。

苏打水当时被认为能治疗所有已知的生理紊乱,这鼓励西利曼去冒险投资纽约的苏打水供应器事业,结果损失惨重。幸运的是,那笔钱是他妈妈的。后来,西利曼的家庭弥补了这个由伪科学导致的错误的损失。那是1855年,小西利曼(Benjamin Silliman, Jr.)分析了从宾夕法尼亚州一条小溪中渗出的黑色淤泥,并称它为"岩石油",就是后来的石油。对这种神奇的新能源只有一个问题:它的源头在哪里?如何能找到更多的源头?幸运的是,对于未来的石油大王们来讲,有一个人的工作即将给出答案,这个人愚蠢可笑的死心眼早在1826年就已经震惊了世界。他就是阿尔西德·杜尔比尼(Alcide D'Orbigny)。

杜尔比尼已经花了7年时间在一个小题目(一种称为有孔虫的海洋

古微生物的600个不同的种)上准备了一项大工作。这些小东西的尺寸从超微的0.01毫米到巨大的100毫米。有孔虫的价值在于,当两三只死有孔虫聚集在一起的时候,可以说,附近就有可能有油。这就是石油勘探人员常常眼睛疲劳的原因之一。

杜尔比尼出生在圣多明各,他家搬回法国以后,他在库埃龙的卢瓦尔小村长大。他的一个童年伙伴也在这两个地方住过,和阿尔西德一样热爱自然史,他们两个在卢瓦尔河堤上一起找鸟蛋,度过了许多快乐时光。这个孩子还有绘画天赋,他对活鸟几乎就像杜尔比尼对死虫一样痴迷,并开始给几乎一切长着一身羽毛的东西画素描(后来是画水彩)。他搬到美国后,这个童年的嗜好最终使他成为19世纪博物学家中世界闻名的人物。今天那些在阴冷的冬日早晨爬起床来数飞行候鸟的只数的人也一定会知道这个人物。他就是奥杜邦(J. J. Audubon)。

但是我们这位画家不善于数数,这或许可以解释为什么在他的事业初期,他在投资方面很是失败。有一次,1812年左右,奥杜邦在他的绘画大获成功以前,正住在路易斯安那州,并参与投资在密西西比河上运营蒸汽轮船。这一闹轰轰的投机计划整个儿地搁浅了,并花掉了一对年轻的英国移民夫妇乔治(George)和乔治亚娜(Georgiana)的毕生积蓄,他俩新婚不久刚刚来到美国。我不知道这对新人怎样面对新破产,但是那位丈夫有一个著名的兄弟,他从英国给他俩写信,意思是说:"奥杜邦最好希望他和我别在黑夜里碰面。"

猜猜这个兄弟是谁(这个例子更加证明了历史的关联是首尾相连的)? 他就是济慈。

该停笔了,我得乘飞机去了。

32 乱写乱画

我从事的历史研究有一个真令人头痛的地方,就是当你去阅读原始材料时,如果这些材料是写在打字机发明之前的,那就不得不花大量时间阅读某人的草书,比如:研究笔记、信件、日记等等。而且大多数时候,在内容上都是些莫名其妙的话。

最近,我又遇到这种事。这就是为什么我对19世纪荷兰科学家白贝罗了解甚少,仅仅限于二手资料。当然原因不止一方面,因为我对他的主要工作不是特别感兴趣:他发现了一个定律,说风向和气压梯度间的夹角是直角。让我觉得比较感兴趣的是,1845年,白贝罗和一火车的铜管乐队弹奏手一起在一条从荷兰乌得勒支出发的铁路轨道上所做的事。火车上的这些号手的任务是,当火车接近然后经过白贝罗的一群朋友时,吹奏一个固定的音符。这些朋友证实,当火车驶近时他们听见这个音符的音调升高,而随着火车的远去,音调降低。这正如一位没有名气的奥地利数学教授3年前预言过的一样。

事实上,这位奥地利人的科学论文主要是关于从正在靠近或远离我们的恒星所发出的光的,向我们靠近的恒星的光向光谱的蓝端移动,离我们而去的恒星的光向光谱的红端移动,因为我们观测到的光频率分别升高和降低了。这个现象就是有名的多普勒效应(Doppler effect,用这个不再是无名之辈的奥地利人的姓命名)。1859年,多普勒效应已经有了实际应用。当时德国实验专家基尔霍夫和本生(即发明本生灯的本生)用他们的新式光谱仪证明,可以利用这些运动恒星发出的光在光谱线上的移动来

测量它们的运动速度。真是一个热点新闻!而在他们那阴冷的实验室里,有一名学生却痴迷与此不同的研究,这名学生和他们一起在海德堡度过了1871年的冬天。

他的名字是昂内斯(Kamerlingh Onnes,又是一个荷兰人),他最终发现了当东西非常冷的时候发生的一个奇怪现象:超导现象。他用液化气把材料冷却到绝对零度附近,从而发现了这一现象。昂内斯的成功得益于法国人卡耶泰(我前面提到过这个人)的工作,这人于1877年成功地制成了液态氧。卡耶泰还是一位航空迷,他发明了新式呼吸面罩,这个呼吸罩和液化氧气瓶相连,使得高空中的气球驾驶员情绪高昂,飞得更高。为此(当然还有许多其他原因)卡耶泰被选为法国航空俱乐部的终身主席。

巧的是,吸入过量的纯氧对人体的影响正是卡耶泰的同时代人、法国生理学家贝尔的实验所关注的问题。贝尔还做了一件著名的事,他开创性地研究了敏感的含羞草对触摸的反应(你不妨试试看),他在自己设计的压力舱里度过了很多快乐的时光,探究减压反应、缺氧这类改变身心的感受。有时,这种快乐可能来源于这样一件事:为了给外科病人提供合适的麻醉药剂量,他试图研究出对不同的气体需要多大的压强。这些气体之一就是一氧化二氮,即"笑气"。

关于N_2O*的权威著作早在1800年由戴维写就,当时他正在英格兰西

---

* 原文为NO_2,疑误,以下同。——译者

部的克利夫顿气体力学研究所工作。戴维很快变成英国首屈一指的科学家,爵士,玛丽·雪莱的名作《弗兰肯斯坦》的角色原型,大人物、慈善家的朋友,赢得了所有荣誉。一氧化二氮使得戴维在作为新时尚的 N_2O 聚会上差不多成了他同事们(在这个词的最友好的意义下)的笑柄,聚会上研究员们都神智恍惚,这完全是为了科学的利益。唉,说来(稍微)不太令人快乐,戴维没能证明这种气体可以包治百病。

浪漫主义运动时代的科学家,常写点诗什么的,戴维也不例外。关于这些诗没什么更多可说的(读一点吧)。提醒一下,当他成为皇家学院的著名讲师时,他的韵文的崇拜者中包括柯尔律治和骚塞(Robert Southey)这样的浪漫主义人物,这两个乱涂乱写的人是他在克利夫顿时遇到的。

1819年骚塞和另一位杰出的靠自己的力量成为成功人士的特尔福德(Thomas Telford)一起游览了苏格兰高地。这个人建造的道路和桥梁比古罗马人以前的任何人都多,特别是两项里程碑式的工程:一项是空前伟大的工程成就之一(威尔士人这么说),坐落在庞特克休尔思蒂(这个名字不易正确发音*)的举世无双的高架渠;另一项是空前伟大的工程成就(苏格兰人这么说),喀里多尼亚运河(骚塞为之赋诗赞美)。他的生活是成功上面摞成功(对呀,建造是特尔福德的专长嘛),他整个事业中唯一的一次失败是在1800年,他设计了一座跨越伦敦泰晤士河的桥梁。当时顶级的工程师和科学家以为他肯定会成功。哎呀,实际考察发现,当时的政府买不起泰晤士河两侧引桥所需占用的土地。所以只好说谢谢,不用了。

在拒绝特尔福德的桥梁委员会里那些为他惋惜的委员中,有一位年轻的天才叫杨,一个让你又爱又恨的人物。他通晓所有已知的古《圣经》用语,破解了神秘的埃及象形文字,在皇家学院讲授任何你能叫出名字

---

* "庞特克休尔思蒂"的原文为 Pontcysyllte,系威尔士方言。——译者

的课，做了一个著名的实验，似乎证明了不同来源的光束会产生干涉图案，因为光是以波的形式传播的。唔，没问题，可是……波在什么介质里传播呢???

这个神秘的光介质就是有名的"以太"，寻觅以太的工作除了使维多利亚时代的科学徒增困惑以外，一无所获。当时最牛的德国科学家亥姆霍兹(Hermann von Helmholtz)把这件小事委派给他的学生［赫兹(Heinrich Hertz)，他的研究项目是检验电磁辐射是否也以波的形式在以太中传播，这项研究使得无线电的发明成为可能］。

亥姆霍兹本人有更大的研究目标，即推翻流行的"活力论"。这个理论认为生命过程涉及某种不可测的"力"，亥姆霍兹认为这不对。他证明了信号沿着青蛙的坐骨神经的传导完全是可测的：每秒27米。然而，这个理论既然称为活力论，它肯定有本事活下来，对吧？所以1900年活力论依然活蹦乱跳，这首先多亏了"性格学"的奠基人、德国人克拉格斯(Ludwig Klages)(如果你接受的高等教育中没有这门课，别怪我)。克拉格斯做的另一件事(这使他受到崭露头角的纳粹党人的过分喜爱，让他吃不消，于是他离开德国去了瑞士)是开发了一套性格分析技术，非常准确，以至于纳粹不顾克拉格斯的反对，把它用于选择官员的程序中。

在本文开头，当我试图弄清楚白贝罗的潦草笔迹的时候，用克拉格斯的方法分析一下就好了，因为克拉格斯对人类知识最重要的贡献是使笔迹研究系统化。

现在我得打住了。

33 重量级大事

事后诸葛亮总是给你1.5的视力,对吧?所以,当尤其不幸地患有多视症的奥地利天文学家开普勒(Johannes Kepler)于1609年发表他关于保持行星沿轨道绕日运行的神秘引力的发现时(是从观测数据中导出的,大部分是别人的数据,因为他视力不好),你一定很奇怪为什么他没有就这个神秘引力可能是什么而起一个更科学的名字。他没有,他称之为:"圣灵之力"(Holy Spirit Force)。

几年后,当开普勒遇到英国诗人多恩(John Donne)时,给多恩一本他写的关于他新发现的书,让多恩回去带给英国国王。我们只知道这一点(这本书从来没有出现在皇家图书馆里),因为多恩的传记作者和教区居民瓦尔顿(Isaac Walton)是这样说的。这个人于1653年为所有那些在清教徒共和国期间失去工作的英国圣公会教士们写了一部书,《熟练的钓鱼者——消遣的艺术》(The Compleat Angler: The Art of Recreation),介绍了全新的垂钓艺术。事实上,这件事不完全是他做的,关于假蝇钓鱼那一章的作者是一位富有的文学伙伴和酒友科顿(Charles Cotton)。科顿还做一些翻译,他1685年版的蒙田(Montaigne)《随笔集》(Essays)至今仍被看作经典之作。

这里提到的这位法国作家(蒙田)总是惹麻烦,因为他对各种形式的权威采取一种大叫大嚷的怀疑态度。在那个年代,各种形式的权威中仍然都包括着有权把你的拇指夹起来施刑的人，蒙田的做法可是一种危险的游戏。尽管如此，蒙田（他在他书房天花板的横梁上写道："唯一确定的事情是一切都不确定。"）仍想超出那位神学意义上的警长*一步**。1581年有一次去佛罗伦萨旅行，他对美第奇的柏拉图学园的花园大吃一惊，他看到所有最新的让男孩们（即文艺复兴时代的王子们）玩的高技术玩具。这个花园以神奇为特色，装点有活动的人造景观、水力管风琴和机械人、音乐瀑布等。这些奇迹是布翁塔伦蒂（Bernardo Buontalenti）的杰作，他是一位建筑师、工程师，一个永垂史册的人物。布翁塔伦蒂还越轨涉足剧院（1585年他在乌菲兹宫里为美第奇家族建立了一家剧院）和舞台美术设计，每当他的贵族赞助者有什么需要庆祝的时候，他就奉献各种壮观精彩的流行音乐剧。这都是在他没有管理（意大利）托斯卡纳区的供水系统的时候做的。

说到这儿，美第奇的下一项财政流出是为罗伯特·达德利爵士（Sir Robert Dudley）租借公爵领地。达德利是一个靠不住的英国冒险家，他（带着情妇）正逃避他的第二任妻子和家中留下的一大堆女儿。他声称，如果没有家庭内讧和指控他犯法，他本来可以成为沃里克伯爵的。在意大利，他开垦了位于比萨和大海之间的沼泽地，修了运河，实际上建造了里窝那城，并把英国造船技术带给了美第奇的海军。1647年，他写出了《海洋的秘密》（The Secret of the Sea），这是首部完整的基于墨卡托投影法（Mercator's projection）制作的海图集。

当时最热门的制图师是荷兰人，尤其是布劳（Blaeu）家族。父子俩都是荷兰东印度公司的制图师，这家公司的主要兴趣是挖掘传说中的东方

---

* 可能指耶稣。出自当代美国神学家韦斯·西利格（Wes Seeliger）的《前沿神学》（Frontier Theology）。西利格认为，在安居者的神学中，上帝好比市长，耶稣好比市长委任的警长。——译者

** 此句意思大概是：耶稣传教，为当权者所嫉恨。蒙田的做法与耶稣相比，有过之而无不及。——译者

财富,并尽可能多地带回来。1602年大布劳在阿姆斯特丹建立了家庭印刷行,并通过收买刚返航的船长,使他的地图始终保持最新,从而垄断最新的航海信息。

儿子威廉·詹森·布劳(Willem Jansoon Blaeu)从一家鲱鱼公司的职员开始了他的工作生涯(并开始了他对海事的兴趣)。后来他成为一位带着金属假鼻子的丹麦天文学家的助理,这位天文学家就是脾气暴躁的第谷·布拉赫(Tycho Brahe)。1572年的一天晚上他从实验室走回家时,看到天上有一颗新的星星,这简直不可能,因为当时认为天空是永恒不变的。他把这颗新星首先指给一个人看,这个人没有说这是幻觉而嘲笑他。此人便是他的朋友、法国大使丹西(Charles de Dancey),一位值得敬重的美食家和大好人。他最近的善行之一是去马尔默监狱,替一名囚犯、当时最有名的坏蛋赫伯恩(James Hepburn)向国王求情。

赫伯恩是第四代博斯韦尔伯爵,一个流氓,对他来说一切都完全没有约束。他乘船从苏格兰逃往斯堪的纳维亚,结果运气特别不好,到了卑尔根。当地的公爵不相信博斯韦尔说自己是一个正在找工作的苏格兰绅士的谎言,因为这位公爵统治者有一位女性亲戚,几年前曾经被博斯韦尔错误地对待。这是他的习惯。事实是,博斯韦尔正在潜逃中,因为他离开了在苏格兰陷于困境的妻子。当时事情变得很清楚,他将被指控参与谋杀了她的前夫。这本不会是什么了不起的事,假如博斯韦尔的太太不是苏格兰的玛丽女王(Mary Queen)的话。

玛丽女王也有她自己的麻烦，因为她是英国王位的合法继承人，但这可不是一件好事，因为当时王位已经被伊丽莎白女王（Queen Elizabeth）占据了。像玛丽这样鲁莽的阴谋家最终不可避免地会失去王位。此时，伊丽莎白还有其他事情要操心。例如，弗朗西斯·德雷克爵士（Sir Francis Drake）等人越过大西洋，惊恐地发现在对岸，罗盘针不再指向北极星（他们以为罗盘针应该指向北极星）。女王陛下的私人医师和科学导师吉尔伯特（William Gilbert）对这场危机进行调查后，告诉德雷克地球是一个巨大的磁体，是北极吸引罗盘针。这吸引了一大批其他著名的实验家去探究。其中之一是德国马德堡市长居里克（Otto von Guericke），他于1650年用硫磺塑造了一个地球模型，并使劲摩擦它，然后用各种磁针靠近它，看看磁针指向哪里。（这毕竟是怪人的全盛期。）在一次摩擦过程中，居里克随便地作了摘记：硫磺球发出巨响和火花。后来知道这是电。很快所有人都在摩擦，包括霍克斯比。

1705年在伦敦，霍克斯比向皇家学会演示了一台神奇的发电机。它由一个安置在一根轴杆上、中间抽成真空的小玻璃球组成。让这个玻璃球高速旋转，把手放上去，球内就出现紫色的光，附近的毛线都会被吸附在玻璃球上。后来霍克斯比转向更细小的东西，他发现如果把两根细玻璃管都放进液体中，那根比较细的玻璃管中的液体上升得更高些。因为霍克斯比认为这可能是因为液体和玻璃管壁之间发生了什么事，所以他向有着"引力"美誉的牛顿请教。牛顿于1717年解释了毛细作用。

这时这位伟人因澄清了开普勒的"圣灵之力"（记得吗？）的秘密而誉满整个宇宙，他给这个力起了一个至今和牛顿一样家喻户晓的名字：万有引力。

对于这些重量级大事我就说这么多。

34 钟声嘀嗒

不久前我经过伦敦国会广场时，忽然想起第二次世界大战期间，那时我还是个小孩，收音机里大本钟报时的声音好像是在安慰说：还好，国会大厦尚未被来犯的德国V-1导弹击中。

1859年，在安装了丹尼森（E. Beckett Denison）发明的重力式擒纵机构后，新的大本钟变成牛气冲天的高技术精确报时的奇迹［正如首相坎宁（George Canning）承诺的那样］。丹尼森的窍门是把钟摆的运动和齿轮的运动隔离开来，使得四套指针上面不论积累了多少脏东西或冰雪，大本钟总能把报时的准确度保持在秒的量级上。（谢谢你，加拿大新不伦瑞克省的弗雷德里克顿市，丹尼森曾在它那常年冰雪覆盖的教堂大钟上，进行了一次潮湿环境下的运行。）

我们现在用的基本的直进式擒纵机构是丹尼森改进的，他把钟摆的运动和两个叶片联系起来。当钟摆从一端运动到另一端并转向的时候，每一个叶片抓住钟的驱动轮，控制它在一根轴上的旋转，轴上缠绕的绳子悬挂着一个重物。最有名的早期直进式擒纵机构大概是18世纪最伟大的钟表匠乔治·格雷厄姆（George Graham）脑力劳动的产物。1736年的夏天，他的一只天文级精确的钟被一位特别傲慢的法国科学家莫佩尔蒂（Pierre-Louis Moreau de Maupertuis）带到瑞典，这个人试图证明他的法国同事关于地球形状的看法是错的（而英国人是对的）。

在大地测量学上居然会发生争论这一事实,并非仅仅是高卢人站在自牛顿以来的巨人肩膀上叽叽喳喳喊叫的又一个例子,它还是引发多起海难的小根由。如果把地球的形状搞错了,那么也会把地球表面的经纬度量错。这就意味着船只会撞上本不该在那里的礁石,因为船只的位置与领航员的设想不一致。整个船队会因此犯下致命性错误,经常给海底带来大量金银财宝和枪支弹药。莫佩尔蒂拿出了一个解决方案:利用一颗恒星在位置上的一度之差(因此需要精确计时),他准确计算出地球表面多少距离代表一个纬度。为此他呆在瑞典中部的一个不知名的地方忍受了几个月的蚊虫叮咬。最后,见鬼,牛顿还是对的!地球是扁球形的。不奇怪,莫佩尔蒂在家乡巴黎树了敌。亲英国分子,傲慢的家伙,他对了。

莫佩尔蒂成为伏尔泰野蛮攻击的靶子,而且实际上被逐出了法国。他后来死在一位瑞士数学家朋友约翰·伯努利(Johann Bernoulli)的家中。约翰的兄弟雅各布(Jacob)也是数学家,他深深陷入为什么悬挂着的链条会是那个样子的思考中。这一艰深的悬链线问题最早迷住了一位荷兰天才数学家斯蒂文,他在1585年还想出了一个新颖的十进位币制,但没有人采用。后来独腿的美国贵族古弗尼尔·莫里斯(Gouverneur

Morris)把这个设想和杰斐逊聊了聊,杰斐逊马上把这个主意据为己有,从此才有了美元和美分。古弗尼尔·莫里斯没有因此而灰心,1794年他推出了另一个方案(这个主意最终又被另一位政治家克林顿剽窃):在伊利湖和哈得孙河之间修一条运河。这条伊利运河很快成为歌曲和故事中传颂的工程,直到1851年有人建成了穿越纽约州的铁路。这条铁路对水上交通来说简直是釜底抽薪。

到1855年,纽约和伊利铁路公司有4000名员工,后勤问题非常复杂,以至于总裁麦卡勒姆被迫发明了各种现代企业管理方法来对付:有自主权的部门领导,专业化的中层管理,日报、周报和月报等等一套做法。因为日常的高吞吐量的铁路货运使得高流通量的百货公司成为可能,所以像沃纳梅克和梅西这样的百货公司成为首先采用铁路公司的自我管理金字塔结构的商家。

高效的运输,种类空前繁多的商品(从大枝形烛台、冠状头饰到手套),以及流水线化的销售过程,使得新兴的大市场零售商们只剩下一个小问题了:如何劝说消费者尽快把货物从前门购去,快得像后门进货的速度一样。于是,百货商店尝试把市区的商业中心转型,变得有点介于维多利亚时期的女子闺房和(埃及)拉美西斯二世(Ramses Ⅱ)大神殿之间的样子,再加上一些额外奉送:乐师、美容院、邮局以及儿童室。逛商店首次成了一种豪华的体验。也就是说,百货商店的管理有一度让女性顾客(男性不会上这个当)兴致勃勃、流连忘返,直到精疲力尽。

沃纳梅克百货商店是把这个关键的公关任务交给艾尔(N. W. Ayer)去完成,这是第一个羽翼完全丰满的广告代理商。很快,19世纪末期,被称为心理学家的新一代思想家被招募来进一步钻研消费者的情感状态,看看在吸引顾客方面是否还有什么有用的可能方法。哈佛大学的生理学教授坎农(Walter B. Cannon,据我所知,他是唯一一位有座山以他名字命名的生理学家)进一步发展了对这些内在动机的研究。利用神奇的X射线和钡餐（他发明的），坎农能够研究伴随着消化和饥饿的蠕动波，他看到如果被试在情绪上受到任何干扰，这些蠕动波就会骤然停止。经过几年的实验，1932年，坎农在其伟大著作《躯体的智慧》(The Wisdom of the Body)中引进了体内平衡的概念：通过化学反馈机制保持人体内部状态的平衡。

和坎农合作的是一位墨西哥神经生理学家罗森布鲁斯（Arturo Rosenbleuth），他于20世纪40年代早期开始就反馈问题与麻省理工学院的数学奇才、脾气暴躁的维纳（Norbert Wiener）进行交流。维纳对这样的现象很感兴趣：当你拿起一杯水要喝时，反馈作用是怎样保证你的嘴唇和杯子能够碰上的。他很关心这种碰上碰不上的事情，因为他还在研究一种方程，这种方程将使得高射炮较容易地找准目标，把命中率从每2500发炮弹击中一个目标（即当时在英格兰南海岸的平均命中率——这样是无法赢得战争的）提高一些。

维纳搞出的装置，称为M-9预测器，它利用由目标轨迹的雷达数据所提供的反馈信息，帮助外推出目标在空中即将到达的位置，以及下一发炮弹将在何时到达那里。在此基础上，他的这个发明指导火炮应该怎样瞄准。这个玩意儿非常有效，以至于在德国V-1导弹大规模轰炸英格兰的最后一个星期中，向伦敦发射的104枚导弹中只有4枚到达。

这就是大本钟能够始终准确地报时，毫发无损，安然度过第二次世界大战的原因，多亏了维纳。

我该走了。

35 造反事件

那天,我在伦敦最古老的一家咖啡馆饮着一杯咖啡[正好是福尔杰(Folger's)咖啡],想起第一家这类聚会场所,像位于圣保罗大教堂庭院里的这家,是18世纪60年代支持美国殖民地开拓者事业的人们经常碰头的地方。这些危险的饮咖啡的自由主义者中有一位数学家普赖斯(Richard Price),他通过分析北安普敦地区死亡率报表,为保险精算研究奠定了现代基础。根据死亡率报表他能够足够准确地推出生死大事,从而使新的保险公司能够收取实际可行的保险金,不至于在客户死之前破产。

普赖斯的统计学研究吸引了法国财政部长杜尔哥(Anne-Robert-Jacques Turgot)的注意,他的工作可不那么令人羡慕:在法国经济江河日下的时候保持账户上收支平衡。杜尔哥的一位朋友兼顾问是孔多塞(Marquis de Condorcet),他的成名是因为他把关于社会的新统计观发展到一个新阶段,并创立了所谓的"社会数学"(social mathematics),他意图借助"社会数学"来预测社会行为的方方面面,从而使社会研究立足于科学的基础之上。

孔多塞和杜尔哥两人的经济思想都源于重农主义学派。这个学派看好英国发达的自由贸易农业市场模式,认为英国模式是拯救法国经济的唯一出路。对他们来说,一块面包的价格是政治稳定的关键。可是你知道,他们没等面包出炉就人头落地了*。但孔多塞死前在法国大革命的监狱中,努力传播着英国律师塔尔(Jethro Tull)的农事思想。1711年塔尔因健康原因来到了法国南部,在那里他看到弗龙蒂尼昂一带葡萄园的农民在犁沟间锄地,(尽管他当时不知道)用这种方法使土壤暴露于空气中,让水更容易渗入。结果他们获得丰收,无需依靠昂贵的肥料(在那个年代,肥料的价格几乎和等重的黄金一样)。塔尔回到英国后,发现用这种方法可以连续13年在同一块地里种玉米且不用施肥,这时他和他的农民朋友就成了内行了。他的指导性书籍《新型马锄农业》(The New Horse-Hoeing Husbandry)恰在伟大的英国农业革命(农作物轮作、新的动物饲养方法、肥料)中期上架,顿时成为畅销书。

当塔尔的这本革命性著作发行第2版时,编辑是一名新闻记者,以其辛辣的写作风格而著称,人称"豪猪彼得"(Peter Porcupine)。这名记者就是科贝特(William Cobbett),他在费城给法国移民教英文时开始了写作生涯。在这里,他全然不顾周围的环境,写文章肆意抨击暴发户美国人关于民主的观念。1794年杰出的英国科学家普里斯特利,因为英格兰一伙反美暴徒烧毁了他的实验室而逃往美国,这个亲英的科贝特用一篇严厉抨击普里斯特利和他那些还在英国的亲美科学家朋友的自由主义思想的文章来欢迎他。

普里斯特利本人刚走上生活道路时是做教堂牧师,还曾经主管一所

---

* 因为法国大革命开始了。——译者

主日学校*，其中有一位教师希尔(Rowland Hill)，他后来因改革了英国邮政服务而声名远扬。他引进了第一种舔贴式的、预付邮资的邮票：黑便士邮票。同时，当希尔成为伯明翰的全新式的黑兹尔伍德学校的教师时，他的教书生涯开始腾飞了。这所学校用煤气灯照明，有中央供暖系统和游泳池，课程表里有应用数学和现代语言等这类异乎寻常的新时代内容。1822年，希尔和他的兄弟出版了一部毫不虚饰浮夸的书，名叫《公共教育》(Public Education)，这让希尔引起了思想左倾的大好人的注意，其中包括罗伯特·欧文这位开明的工厂主、一位后来成立英国社会党的组织的奠基人。

正如许多在他之前的同类人物一样，罗伯特·欧文花时间在美国建立了当时时髦的众多（短暂的）乌托邦公社中的一个。他的乌托邦公社建在印第安纳州的新哈莫尼，公社失败后欧文回到英国，他的几个儿子留在了美国，成为美国公民。其中一个儿子罗伯特·戴尔·欧文后来成为印第安纳州政界的重要人物，美国众议院的两任议员（在任期间提出议案建立史密森学会）。1888年，他的女儿罗莎蒙德(Rosamund)嫁给了犹太复国运动的热情支持者和唯灵论者奥利芬特(Laurence Oliphant)，结婚才一星期，新郎就撒手人寰。奥利芬特早先是伦敦《泰晤士报》的旅行撰稿人，报道过克里米亚战争，并兼做英国间谍。他一度做过额尔金勋爵(Lord Elgin)**的秘书。额尔金勋爵是加拿大总督，但是他被载入史册是因为他的父亲在1803年偷了额尔金大理石雕，或者按照额尔金爸爸的说法是"为了大理石雕好而把它们移走的"。这些大理石雕（后来收藏在不列颠博物馆）主要是一些公元前15世纪雅典卫城的大块檐壁。当时雅典卫城被土耳其人占领，他们对这个不论如何都会随时间逐渐化为齑粉的建筑一点也不关心。

---

　　* 基督教教会为了向儿童灌输宗教思想，在星期天开办的儿童班。——译者
　　** 此人即在第二次鸦片战争中火烧圆明园的元凶。——译者

老额尔金花了13年的时间把这些大理石雕运回英国并卖给英国政府,价格低得让额尔金家族两代人倾家荡产。但是因为老额尔金当时处境极为艰难,他已经无力讨价还价了。力主购下这些大理石雕的人中有一个是托马斯·劳伦斯爵士(Sir Thomas Lawrence),国王的画师和首席艺术大师。他从小就是神童,而到这时,像威灵顿(Wellington)公爵和摄政王这样显赫的人物找他画像也要掏大价钱。劳伦斯早已非常有名,1792年,他已是皇家艺术院的院长,他还被选为业余爱好者协会(Dilettanti Society)的画家,而进入这个协会需要两个条件:第一是贵族,第二曾越过阿尔卑斯山去寻找文化。劳伦斯既不是贵族,也没有越过阿尔卑斯山,但是他有一个朋友是约瑟夫·班克斯爵士(Sir Joseph Banks)。

既然当时班克斯是皇家学会的主席,而且是国王的亲密朋友,业余爱好者协会的入会规定就对劳伦斯免予执行了。(你体会到对"如果你得到了它,那就炫耀它吧"这种时代特色的感觉了,对吧?)但是班克斯**的确**拥有他同代人所认为的那种完美无瑕的科学背景,即出身富有,家庭背景好,对植物学很入迷。所以,当初在库克(James Cook)船长于1768年进行的首次太平洋探险航行中赢得令人垂涎的博物学家职位,对他来说不是一件难事。他们多次见到陆地,这后来启发班克斯想出一个主意,把澳大利亚作为流放罪犯的绝佳场所,并启发他组织了另一种移植:把塔希提岛的面包果树移植到西印度群岛。

担负这一使命的第一艘船是"邦蒂号",它因叛乱而出名*。参加叛乱的人后来音讯全无,直到30年后,才在皮特凯恩岛发现了他们的后裔。当地的传言说,叛乱者的头领克里斯琴(Fletcher Christian)偷偷地回英国隐居了起来,这多亏了当时一艘过路美国船上的那位乐于助人的船长。

这位船长的名字叫福尔杰。

---

* 有一部有名的电影《叛舰喋血记》(Mutiny on the Bounty),讲述的就是这艘船的故事。——译者

36 乡土色彩

最近我们正在忙于家庭装饰，我拒绝了一种像鳄梨那样的特殊的暗绿色（有点像胆汁），因为当时我忽然想起法国皇后欧仁妮（拿破仑三世皇帝的妻子）在1863年的一个晚上来到巴黎歌剧院，由于她穿了一件绿色丝绸服装，结果把剧院里的所有人都惊呆了。

但是她穿的衣服并不是普通的绿色，而是孔雀石绿。这是一种最新的高技术产品，来自非常有名的地下化学宝藏，即我多次提到过的煤焦油。那一年早些时候，一位德国化学家卢修斯（Lucius）发现了这种颜色。除了令歌剧迷吃惊外，这种新颜色还促成了卢修斯公司的成功〔这家公司后来改名为赫希斯特（Hoechst）〕。欧仁妮的服装引起这么大轰动的原因是这种绿色在煤气灯下不显蓝色。

我不知道欧仁妮那天晚上听的是什么戏，很遗憾她没听过《卡门》（Carmen）这部戏。《卡门》是直到1875年才上演的，那时她已经流亡了。这出戏的故事情节是由欧仁妮的母亲、西班牙的蒙蒂霍（Montijo）伯爵夫人提供的。早在1830年，伯爵夫人给梅里美讲了这个故事，后来成为大作家的梅里美当时还是一个旅行中的学艺术的学生。蒙蒂霍伯爵邀请他到家中小住，梅里美深受所有人的喜爱，包括五岁的欧亨尼娅（Eugenia，当时人们都这样叫欧仁妮）。梅里美后来偷偷地把伯爵夫人的"卡门"故事变成了他的同名小说，比才（Bizet）后来又偷偷地把这部小说改成了同名歌剧。

梅里美一直和欧亨尼娅保持密切联系。这也许就是为什么几年之后,当她和皇帝相遇并嫁给皇帝时,提到她最好的朋友梅里美,皇帝马上授予梅里美参议员头衔,并提供很多钱支持他写剧本和小说。幸好皇上不知道梅里美和他叔叔的情人之间的风流韵事(这只是他众多风流韵事之一)。性生活不检点是梅里美一生都没能改掉的习惯,这从他还在学校时的一起丑闻就开始了。

说到在学校时,他有一个最好的朋友,一个远没有他有意思的人物,名叫阿德里安·德·朱西厄(Adrien de Jussieu),这个人名列一长串植物学家的末尾。他在父亲退休之后,从父亲手中接任巴黎自然历史博物馆教授的职位。他实际上是踩着父亲的脚印走,没干出什么别的事情。但是他的女儿嫁给了一位**确实**不同凡响的人物:菲佐(Armand Fizeau)。

1849年,菲佐用一个巧妙的小装置测出了光的速度。这个小装置主要是一个有720个齿的高速旋转的齿轮。菲佐将一束光射过轮齿,照在齿轮后面几千米远的一面镜子上,当没有轮齿挡住光时,光受到镜子的反射。把齿轮转动的速度和轮齿遮蔽光线的时刻联系起来,菲佐就能够说光的传播速度是每秒315 000千米。非常接近真实情况,那是发生在1849年的事情。

他做这一切时有一位亲密的合作伙伴傅科,与菲佐一样,傅科从前是一名医科学生,因晕血而转行。1845年,他们俩取得了第一张用达盖尔银版法拍摄的太阳表面的清晰照片。正是因为研究出了一种办法能够让照相机朝着太阳(后来是恒星)长时间曝光,傅科才发明了他的伟大的单摆(对其摆动的一个描述*参见另一篇短文)。同年在巴黎,傅科在勒尼奥(Henri Regnaut)的实验室研究时,遇见了一位与众不同的苏格兰年轻人威廉·汤姆孙(William Thomson),汤姆孙就是后来因提出绝对零度而闻名的开尔文勋爵(Lord Kelvin)。汤姆孙一直在做着同样伟大的事情。举个小例子,他的理论解释了某些晶体如何因温度变化而变得有磁性,他指出温度和这些晶体的固定极性有关系。

早在1824年,这个现象就被戴维·布鲁斯特爵士(Sir David Brewster)命名为"热电性"(pyroelectricity)。这位吃苦耐劳的苏格兰人先后当过家庭教师、杂志编辑、情诗诗人和传教士,但都失败了,最后他安下心来做科学,专注于各种类型的极化问题,还发明了万花筒。这个装置主要用于给地毯、墙纸和织物设计新图案。是啊,为什么不呢?最后,通过参考书上所描述的"热心推动长期被忽略的科学领域"(听起来他像是一名现代的博士生),布鲁斯特飞步前进,获得了爱丁堡大学的重要奖项和领导职务。

布鲁斯特的妻子是朱丽叶(Juliet),麦克弗森最小的女儿。麦克弗森是一位改变了文化史轨迹的人。他游历了苏格兰高地后,假装说自己发现了由一个凯尔特人莪相写的盖尔语史诗,这是一部公元3世纪的著作。这一明显的古代欧洲人自我表达的典型像地震一样震动了哲学界(尤其是德国哲学界)。借助于对早期简单生活方式的描述,这部史诗几乎一手引发了浪漫主义运动。它对古代超人勇士社会的描写后来给了德国纳粹一些启发。杰斐逊认为莪相一定是"前所未有的最伟大的诗

---

* 原文为a swinging description,也可理解为"一个极好的描述"。——译者

人!"对一个冒牌货,这个评价不算坏。这部冒牌史诗发表两年后,弗克弗森已经成了伦敦社交界的文学名流。1763年[多亏比特(Bute)伯爵帮忙],他得到了佛罗里达州州长秘书的职位,启程去了美国。

比特本人在人们的记忆里是一个极端令人不愉快的政客,他担任过一年的首相。人们忘记了他在劝说威尔士亲王在伦敦郊外基尤区建立世界上最伟大的植物园这件事上所起的关键作用。比特曾经好几年醉心于园艺,1757年他说服威尔士亲王任命威廉·钱伯斯爵士(Sir William Chambers)担任那个植物园的建筑师。4年之后,钱伯斯盖起了令人惊异的丘园塔(Kew Pagoda),它高163英尺,是欧洲最精细的中国风格的典范,非常了不起,如果你喜欢这种风格的话。与那个时代浮华的风格相一致,他还添加了一座清真寺、一座"阿尔汉布拉宫"、各种古典主义风格的神庙,以及一座仿建的哥特式大教堂。这使钱伯斯成为园艺神庙派大师,理所当然地获得修建萨默塞特郡议院的授权。这是一座阴暗、宏伟的大厦,直到最近才成为阴郁、宏伟的英国税务局所在地。

钱伯斯是和亚当共同承建萨默塞特郡议院的,亚当是建筑史上最有影响力的设计师之一。正是他在欧洲大陆观光旅行中发现了罗马和希腊遗迹的美,回家后他把建筑物的正面变成一种艺术形式。亚当开始劝说那些有钱但没有艺术感觉的英国贵族,如果采用多利斯式前门和有列柱的翼廊,他们那渐趋腐朽的大厦看上去会漂亮得多。在他劝完之后,所有人的住房都像银行似的。

亚当的巨大成功意味着他有许多仿效者。其中之一是丹斯(George Dance),他在伦敦南部奇斯尔赫斯特的肯蒂什村用亚当的方法装饰了一座称为卡姆登宫的堂皇的小型房子。在19世纪晚期,这所房子曾经被它的二流贵族房主出租给那位流亡的、穿过绿色丝绸服装的法国皇后。

关于乡土色彩就说这么多。

37 这篇使你想家了吗?

"病名:思乡病。症状:抑制不住地渴望回家。"最近我正翻看一本满是灰尘的讲述庸医的书,内容乏味得可以治愈你的失眠,突然这一颇具悲情的条目吸引了我的注意。这个条目出现在疾病分类学一节,疾病分类学是按照症状对疾病进行分类,在18世纪的医学界十分热门。

其实,18世纪60年代末全才型的顶级疾病分类学家住在苏格兰,他的名字叫威廉·卡伦(William Cullen),是刚刚成立的爱丁堡大学的医学理论教授。在他漫长、显赫的研究生涯中,只写过一篇没有什么大影响的关于蒸发液体的研究论文。(在那个时代,你不发表论文也不会完蛋。)

威廉·卡伦的明星学生(1766年接威廉·卡伦的班,出任教授)是布莱克(Joseph Black),他至少因为三件事而出名:第一,他总是带着一把绿色丝绸雨伞;第二,他发现了潜热(因此可以告诉瓦特如何使他的蒸汽机运转);第三,他在爱丁堡创立了称为牡蛎俱乐部(Oyster Club)的聚餐兄弟会。苏格兰文艺复兴[Scottish Renaissance,《科学传记词典》(Dictionary of Scientific Biography)里的词组,不是我杜撰的]的大多数才智出众的精英人士经常在这个精选的饭局上聚会。这些每周出席海鲜宴、启迪世界的人中就有经济学家亚当·斯密(Adam Smith)等,还包括一位现在几乎被遗忘的地球循环系统专家赫顿(James Hutton,他是布莱克的好友)。

我认为赫顿是《科学传记词典》编撰者心中认定的苏格兰文艺复兴人士的伟大典范。他研究人文、物理、地理、法律、医学和化学，还取得了医生的职业资格。随后以这种人物的姿态，他当了一个农民。唔，为什么不呢？也许正是由于他作为一个土地所有者对岩石和土壤的兴趣，才使他醉心于地质学。从1764年起，他开始了一系列旅行，到过不列颠群岛的各种多石地带，敲敲打打，采集石片。他关注的主要目标往往是玄武岩，因为在当时关于地球形成的各种解释中，赫顿对地球内部是熔融的液态花岗岩的假说最感兴趣。

好，所有的敲打一定会卓有成效，因为在1785年，赫顿写出了一个谦逊的工作大纲，最后以一个不那么谦逊的书名《地球论》(Theory of the Earth)出版。这部书描述的伟大的循环过程震惊了每一个人：侵蚀作用使陆地陵削，产生的沉积物被冲刷进大海，经过几百万年的沉积，变成了沉积层，最后又被抬起来，再一次被侵蚀，等等。赫顿说，如果这一过程在过去所花的时间，与它在现在所花的大概时间一样长，那么地球一定特别特别古老，别再提《圣经》所说的六天的故事了。正是赫顿的地质均变论(geological uniformitarianism，为他这个理论所取的花哨名字)的这一特点最终启发了查尔斯·达尔文。

赫顿有几次旅行是由另一位爱丁堡朋友克拉克(George Clerk)陪伴的，克拉克也是牡蛎俱乐部成员和业余岩石迷。他被载入史册是因为他写的《论海军战术》(Essay on Naval Tactics)，据说这本书启发海军元帅纳尔逊指挥着"胜利号"旗舰取得胜利。克拉克的另一项显著事迹是与18世纪英国最热门的建筑师亚当的妹妹结了婚。如果你想把你那庄重的室内到处都用"唷，多雅致呀"的新古典主义风格的碎片弄上一些乱七八糟的东西，你可以雇用亚当，只要花上一笔钱，他会把你那摇摇欲坠的大厦顿时变成仿古希腊罗马式的建筑。亚当有一个挑剔的仿效者赫普尔怀特(George Hepplewhite)，这是一位家具木工和家具迷，他给亚当那过分雕凿的椅子添加了简洁和优雅,并于1788年出版了他自己的畅销书《家具木工和家具装饰用品商指南》(Cabinet Maker and Upholsterer's Guide),书中的设计后来(在美国)经常被模仿,但(在英国)很少被认同。

赫普尔怀特的《指南》里有怎样在红木上涂日本漆的说明。日本漆(之所以这样称呼,是因为17世纪当漆从中国传到西方时,西方人分不清中国和日本有什么区别)在欧洲皇室大为流行,以至于需要花巨款才能买到。中国人不肯泄露制造漆的秘密,因此买主们就惨了*。直到1732年,在庞蒂浦的威尔士镇,奥尔古德(Thomas Allgood)制出一种新的漆,这种漆以"庞蒂浦日本漆"而闻名。如果你收藏有你的曾曾祖母传下来的印有中国画的茶叶罐,你就明白我的意思了。奥尔古德用亚麻籽油、棕土、一氧化铅、树脂以及松节油混合制成的漆的最大好处是便宜,比真货容易得到。而且这种漆可以涂在马口铁上,马口铁比木头便宜且更容易得到,如果你知道如何制作的话。为此你必须知道如何辗轧铁片。

猜猜当时最好的轧铁厂在哪儿?毫不奇怪,就在庞蒂浦。有一段时间,奥尔古德家庭的一个成员就在轧铁厂工作,老板是汉伯里(John Hanbury),他开发出一种工艺,将红热的铁经过几组轧辊加工成特别薄的板材,然后在熔化的锡里浸一下,塑造成各种器皿,等着上庞蒂浦日本漆。汉伯里建厂初期,最先进的薄铁加工技术是在瑞典的谢恩松德,那里有一位无名的天才普尔海姆(Christopher Polhem),他设计制造了神奇的

---

* 原文是 buyers took a real shellacking。其中 shellack 是"虫胶清漆"的意思。——译者

水力机，可以对热金属进行各种加工。普尔海姆原先是矿业工程师，他的工作最终为瑞典赢得了冶金王国的美称，至今仍是。人们对他所知不多的原因是，他的传记作者是一位年轻的崇拜者，这位作者的声望后来盖过了普尔海姆。这是因为他们俩同在瑞典矿务局工作之后，这位年轻人后来从事更高级的（我想可以这样说）工作了。

这个人就是斯文登堡（Emmanuel Swedenborg，你可能早已猜出来了），又是一位博学者。他研究人文、地质、冶金、古生物、飞行器、潜水艇，创办了瑞典第一份科学期刊，还涉足天文学。可能是早年对石头和骨头的研究，促使他思考生命的起源问题，但是当他开始思考灵魂问题时（他认为灵魂坐落在细胞皮层），他准备做更大的事情，计划写一部完全是关于《创世记》的巨著。但是……虽然计划很周密。1745年，他感到自己有所顿悟，上帝命令他扔弃科学和技术，赞同《圣经》。这样斯文登堡的生活从科学技术的推进者变成了他在新耶路撒冷的教堂的先知。

斯文登堡的一个主要的美国评论者是一位名叫比奇洛（John Bigelow）的记者和商人，他在1849年成为《纽约晚邮报》（*New York Evening Post*）的总编辑和拥有者之一。和他共同拥有这家报纸的是一位美国最著名的浪漫主义诗人，名叫布赖恩特（Bryant），他写诗怀念他家乡伯克郡的森林和小溪。他说，他一生都想回到那里。毫不奇怪，这样一位患思乡病的代表人物，他的名字叫威廉·卡伦*。

是不是又把你带回本文的开头了？

---

* 威廉·卡伦的全名是威廉·卡伦·布赖恩特（William Cullen Bryant）。——译者

38 哎呀

时不时地,我会偶然碰到从来没有得到过应得荣誉的人,并把他们宣传给公众,这让我很高兴。这次,我在大英图书馆,透过光学纯的放大镜,看到了一个人的名字,他在后来的隐居岁月里,肯定对某些事情至少发出"哎呀"的惊叹。

他就是霍尔(Chester Moor Hall)。这是谁呀?? 好吧,看看这个人是谁? 多隆德(John Dollond)*。对了! 就是1747年发明光学纯的消色差透镜的那位。不对,消色差透镜是霍尔几年前发明的。霍尔是个好人,像许多这样的好人一样,总是吃亏。大约1729年,他逐渐相信有可能做出一种没有模糊的彩色影子的透镜。当时这一直是天文学家的致命伤,也是他们看见"长耳朵的行星"(土星)的原因。1729年前后,霍尔把几种不同密度的透镜(燧石玻璃和冕玻璃)粘在一起,色散差异在某种程度上彼此抵消。瞧! 消色差了! 没有颜色边缘了。完全清晰。于是霍尔为朋友们做了几个望远镜,又把整套实验装置放进壁橱里,之后回到英格兰的埃塞克斯当了一名拥有土地的地方行政官。再也不去管它了,即使他听说另一个人[钱普尼斯(Champness)]嚷嚷说自己在多隆德之前就发

---

* 约翰·多隆德的父亲是法国移民,"多隆德"(Dollond)这个姓来自法文d'Hollande,而d'Hollande这个词的意思是"来自荷兰"。——译者

明了这种透镜,他也无动于衷。过了100年,才有人在一篇递交给皇家学会的论文中提到了霍尔的工作(这篇论文随后归档,被人遗忘了)。又过了165年,就轮到我了。我并不处于历史研究的前沿。但是你知道了这件事。

再说多隆德,他从丝织业脱身出来(这个来自荷兰的家族原先是荷兰纺织业制造商)转向光学仪器,和他儿子一起在伦敦做起了光学仪器方面的生意,为中上阶层的人士制造光学仪器,发了一笔财。死后他把专利权(许多发明,包括消色差透镜)分给了他的后嗣们,其中之一是他的女儿萨拉(Sarah)的丈夫拉姆斯登(Jesse Ramsden)。拉姆斯登是多隆德的学徒,和老板的女儿结婚可不是件傻事,这婚姻对他来说简直是天堂上的美事。他手上有了透镜,而且他是金属加工方面的奇才,尤其擅长在金属上刻标记,比如弧度和弧分等。他当时为英国海军和各种探险家做了1000个六分仪,上面都标有刻度。拉姆斯登的刻度特别精确。你仪器上的刻度越精确,不论你测量什么你就测量得越准确。对航海家来说,使用拉姆斯登的仪器意味着你更有可能躲过暗礁。

也就是说,只要你事先知道暗礁在哪里,你就能躲过。但是这种知识并没有广泛传播。那个时代,工业革命正开始需要把成千上万吨几乎完全免费的原材料从新殖民地进口过来,同时把成品出口到那儿。为了方便这一可心的进出口交易,英国人需要做的就是通过殖民地法,以强迫倒霉的殖民地居民只与英国人做买卖,而且全部只用英国船只运输。这激怒了某些殖民地居民,其结果就是美国的诞生。但是这一阴谋诡计仍然在其他地方(印度、非洲)长期见效,从而使得英国人有钱为今天到英国来访问的旅游者所欣赏到的大多数文化、庄重的房屋和先进国家的地位付账。

因此,为了这些利益,那时大量的满载货物、吃水很深的货轮穿梭往返,而且经常吃水过深,(在撞上了前面提到的暗礁之后)就让你大失所

望。因此一时间人们疯狂地建造灯塔。自法老时代以来造灯塔就不是什么了不起的事。但是18世纪末期灯塔的问题不在于"塔",而在于"灯",因为:蜡烛光没有人看得见,到看见的时候就太晚了。既然这是一个与利益攸关的现实问题,那就必须解决。这就要感谢拉姆斯登的精确刻度了,这回是刻在一个巨大的四脚经纬仪上,这个经纬仪使得爱尔兰陆地测量局有所作为。以前测量队能够看见他们的经纬仪指向的是什么,但是不容易看清,尤其是在早期,在阿尔斯特那种昏暗的地方。直到(1824年)来了一位年轻的军官德拉蒙德(Thomas Drummond),他发明了一样新玩意儿,丰富了我们的语言。这个新玩意儿是这么工作的:喷射氢和氧,使它们燃烧,火焰喷向一个小石灰球,石灰球受热发出白炽光,白炽光被抛物面镜反射。这就是石灰光灯。这东西对测量员、演员以及驶向暗礁的水手都很有用,除非灯塔的燃料用尽。但是灯塔燃料确实会耗尽。

因此在1849年,比利时教授诺莱(Floris Nollet)用电解法制出了你想要的所有气体。水中放上正负电极,正负极之间的电流就使氢气和氧气从水中分离出来。问题解决了。除非灯塔没电了,但是灯塔确实可能没电。于是又有了进展(记住,这是一个关键问题)。1871年,诺莱的工人格拉姆(Zénobie Gramme)发明了发电机。线圈在磁场里转动,产生电,电力足够产生弧光。两根碳棒几乎是接触的,沿碳棒流过来的电流跳过两极碳棒之间的缺口,产生火花,使得碳棒尖端发白炽光。弧光灯使得石灰光灯显得暗了,并使得电弧炉成为可能。在电弧炉里用两个碳电极就可以产生出空前的热量。

这个热量很高,让一位法国人于1892年认为能够用来制造人造钻石,方法是:将铁和碳化糖加热到能够将碳熔解到铁里的程度,然后让铁在水里迅速冷却,铁在极大压力下凝固,这会产生非常微小的碳颗粒(钻石)。这位电弧炉的发明人和自称为钻石商的穆瓦桑以为自己造出了前述的人造宝石,实际上不是的。

但是没人介意这一点,因为电弧炉的出现已经让科学界眼花缭乱了,其光芒远超穆瓦桑的小碳屑。因为有了电弧炉这个神奇有趣的新工具,人们就可以在(现在的)高温化学实验室里做出任何能想到的神奇有趣的新鲜玩意儿。的确是这样。1895年,穆瓦桑把石灰和炭的混合物放在炉子里烧,烧到2000摄氏度,得到一种很平常的物质,但是一旦把它和水接触,就会释放一种气体——乙炔。这种气体也很平常,但是一旦把它点燃,发出的光令弧光都逊色了。到了1899年,已经建起了大量乙炔工厂,大部分是在尼亚加拉瀑布、比利牛斯山脉、挪威以及瑞士这种地方,那里有瀑布能够产生电弧炉所需的电力。后来爱迪生来了,他做的那些事,给乙炔灯市场来了个釜底抽薪。

所以到了1912年,孤独的乙炔迷们一直在到处东奔西闯寻找乙炔的出路。在斯图加特,格赖海姆电气公司(Greisheim Electron)的一名化学家当时正在寻找某种能够涂在机翼上的防风雨的涂料,他试用乙炔、氯化氢和汞的混合物,效果不好。于是他把这东西放在洒满阳光的窗台上,后来发现它变成了一种乳白色的泥状物,然后变成固态。他为这个东西申请了专利,然后就忘掉了。1925年专利过期。这就是为什么我要以一个其口头禅一定是"哎呀"的家伙来结束本文(如同我的开头一样)的原因。

他的名字叫克拉特(Fritz Klatte)。泥状物的名字是PVC(聚氯乙烯),世界上第一种塑料。

39 想喝点茶吗?

最近,我一只手上拿着东西正读着,另一只手心不在焉地把一些糖放进一杯茶里搅拌着(后来喝的时候发现糖放多了),心里想着英国人是怎么开始饮茶的,这真是个谜。其实是荷兰人发起饮茶热的。

1610年,第一艘满载茶叶的船只从中国抵达阿姆斯特丹,把荷兰变成了一个有茶瘾的国家。几年之内,著名的荷兰医生邦特库(Cornelius Bontekoe)为公众的健康以每天开200杯茶的速度开着药方。到了1650年,荷兰东印度公司已进口了成千上万吨茶叶,然后再出口到像纽约那么远的地方,赚取大笔利润,再返回东方购进更多茶叶。运销茶叶(以及泡茶的瓷杯)使得荷兰非常富有,有钱为那些仪器制造商埋单,研究制造气压计和望远镜这类东西,使得东印度公司的航海家们每次能更容易地找到中国,带上这些神奇的叶子,运回家,而且每次还能找到阿姆斯特丹。

与往常一样,这是又一个银行存款驱动科学技术发展的例子。海上运输要有利可图就需要精确,精确就需要仪器,反过来这些仪器很快就使得各种精确测量成为可能。这驱使荷兰人华伦海特于1713年左右完成了他的功绩。唔,这样说并不准确。研究表明(经常是这样),普遍接受的观点是错的。华伦海特赖以成名的温度计是他1708年从哥本哈根前任市长那里偷来的。这个人,勒默尔(Ole Romer),在华伦海特之前就产生了温标这个想法。华伦海特所做的只是把仪器上的数字变动一下。那之后不久,出了一件幸运的意外事件,勒默尔所有的研究笔记在一场大火中销毁,结果华伦海特算是大功告成。

但是此前勒默尔已经因为其他原因而成名,这与宇宙学有更大关系。早在1671年,他被一位过路的法国天文学家皮卡尔(Jean Picard)看中。皮卡尔正在寻找第谷·布拉赫坐落在乌兰尼堡的天文学中心(位于汶岛,第谷此前在此处已经完成了一些关键的恒星定位)的确切位置,以便得到一些测量结果或者其他整理出的东西。皮卡尔说服勒默尔跟他一起回巴黎,在那里的漂亮的新天文台工作。勒默尔后来发现木卫一"艾奥"(Io)的掩食时间,这使他相信这种现象与地球和木星之间的距离不断变化有关,并由此得出结论说,光速是有限的,而不是自亚里士多德(Aristotle)以来普遍认为的那样,光能在瞬间到达。这是个重大发现。在现代课堂中,勒默尔被严重不公地忽视了。

他的朋友皮卡尔有点像科学总管,他为路易十四管理科学事务。路易作为君权神授的君主,法定拥有决定一切的权力,他想要什么就要有什么。这时(1674年)他想要的是水。问题出在他的凡尔赛新皇宫的喷泉、水池和水力娱乐设施无法达到预期目的,因为不知什么原因,水供应不上来。皮卡尔刚刚算出了地球子午线度数,精确到几英尺内,对他来说,这一小小的困难实在是不值一提。眨眼的工夫,他的望远镜水准仪就找出了问题症结所在。原来很明显:凡尔赛宫比周围地势和水源稍稍高了一点。通过调整水塔、水库和水渠,水很快就顺利地流淌起来了。

另外,对凡尔赛宫,国王心里还有另一件小事,就是巴比伦之前的那个最大的花园。参观一下这个地方,你就明白为什么诺特雷(Le Notre),国王的园艺师,认为大自然需要理个发。他想把法国大片乡村迪斯尼化,这项工程花了他和36 000名工人二十多年的时间,成了有闲阶级的沙龙话题,并使法国贵族以弄脏手指甲为时尚。其中一位来自上流社会的掘地者名叫迪阿梅尔·迪蒙索(Duhamel du Monceau),他在自己位于德南维莱堡的土地上建起了第一座植物园,并写了关于粪肥、厩肥之类的书。因为这使得他熟知从小树苗成长为大橡树这整个过程中的一切知识,很自然地,迪阿梅尔后来成了航运总检察长。这个职业变动并不奇怪,因为当时造一艘军舰需要1000棵橡树。结果是,法国森林很快就被保留下来专门用于造军舰。

当迪阿梅尔在18世纪20年代还是一个年轻小伙子的时候,他听过迪鲁瓦(Jardin du Roi)的关于植物学的讲座,从此便爱上了植物。在讲座上他还成为贝尔纳·德·朱西厄(Bernard de Jussieu)的好朋友。贝尔纳·德·朱西厄当时正在做园林的实地考察,并创立了另一个植物分类体系,当时图书馆里已经充斥了各种不同的植物分类体系。贝尔纳·德·朱西厄出身于三代植物分类学世家,最近一代是阿德里安,贝尔纳的侄子的儿子,他对这个家族的贡献是编出了一部令人兴奋的书《植物分类学》(*Vegetable Taxonomy*)。阿德里安还在法国自然历史博物馆建立了植物标本室,合作者是另一个务实的家族的后裔阿道夫-泰奥多尔·布龙尼亚(Adolphe-Théodore Brongniart)。

如果你喜欢的研究领域的每一寸地方都挤满了太多的研究者,你该怎么办呢?阿道夫在这方面做出了很好的榜样。他研究得很深入,最终发掘出实际上属于他自己的研究领域。古植物学(对于阿道夫-泰奥多尔而言是化石植物形态学)是一个几乎无人涉足的领域,只有一位微不足道的苏格兰人做过一点早期工作,但他的出版物非常薄。大约在1815年,这位微不足道的苏格兰人尼科耳(William Nicol,爱丁堡大学的自然哲学讲师)用加拿大香胶把化石形态的木头或矿石粘在玻璃片上,然后把标本研磨成薄片,磨得很细,以至于你能够通过显微镜观察它们,发现各种有用的东西(如晶体里面的泡泡,这泡泡告诉你矿石是如何形成的;或细胞图案,这图案告诉你这个标本来自什么植物)。

1828年尼科耳把两片冰岛晶石粘起来(用加拿大香胶),发明了尼科耳棱镜。冰岛晶石把一束光分解成两条偏振光[这一事实碰巧由勒默尔的岳父巴托林(Erasmus Bartholin)发现]。如果两个尼科耳棱镜一起用,旋转第二个棱镜,一旦转过了90度角,其中一条偏振光就会变暗,直至消失。挺迷人的,但不是所有人都喜欢,对吗?错!19世纪30年代,一位法国人毕奥(Jean-Baptiste Biot)发现某些液体会扭转光线的偏光性,扭转的度数依赖于溶解物的种类和浓度。对偏光性的这一扭转当然很容易用尼科耳棱镜测量出来。

1845年,一位巴黎光学仪器制造家索莱伊(Jean-Baptiste-Francois Soleil)改进完善了一种仪器,这仪器能够做所有这一切,根本改变了喝饮料的人的生活。索莱伊的新发明就是糖量计。

有了这个,我就可以预先知道,我在本文开头喝的茶是太甜了。

40 小数字

前不久,我给自己倒了一杯醇香的波尔多葡萄酒,然后坐下观看这几天你从电视上能看到的壮观景象*。我漫不经心地呷饮着,眼睛落在酒瓶商标和那上面的数字上,知道这酒是低度美酒,尽管不太多。酒精含量仅为11%。

这时,航天飞机发射升空了,我像往常一样粘在椅子上。与航天飞机有关的一切都很吸引我,尤其是领航员如何灵巧地使他那78吨重的飞船到达预定位置,精度在半度之内,从而能够沿轨道做载人飞行,或按照要求登舱和下舱。这些载人的停靠动作是靠航天飞机四周44个小喷嘴实现的,有些喷嘴可以产生小到25磅的推力,这多亏了经济实惠的自燃火箭燃料,这种燃料的一个组成部分称作肼。

除了用于航天外,肼还在许多更平凡的领域内起作用,如在热水系统、药品、摄影以及塑料等领域中防止腐蚀。还和我这杯法国红葡萄酒有关:肼还是杀真菌剂。第一种杀真菌剂出现在波尔多,19世纪80年代的世界自杀之都。也就是说,假如你以前曾经是个葡萄酒制造商,现在不是了,那么一定是由于霜霉病的破坏性作用。这个小小的真菌杀手来自葡萄树干,这种葡萄树来自美洲,用来替代早先被根瘤蚜毁坏的葡萄

---

* 从下文知道,是指航天飞机升空。——译者

树,根瘤蚜来自为了消除更早的瘟疫而引进的美洲树干。当霜霉病在1878年首次出现时,所有从事这一行业的人都要跳楼自杀了。直到1882年,波尔多大学教授米亚尔代(Pierre Marie Alexis Millardet)搞出了由石灰、硫酸铜和水混合的杀真菌剂之后,制酒商的噩梦才算过去。

米亚尔代的所有知识都来自他在斯特拉斯堡大学的老师德巴里(Anton de Bary),这人在历史书中被誉为"蘑菇之父"(唔,"真菌学之父"),因为他的确是。在他之前,人们以为真菌是它所依附的植物的果实。德巴里证明真菌和植物其实是共生体(这个词是他发明的)。因此,当你今天喷药杀真菌时,你知道该感谢谁了吧。

德巴里本人原先在柏林学医,师从伟大的生理学家缪勒[Johann Müller,著有经典著作《人体生理学手册》(Handbook of Physiology),1840]。正是他最终对当时弥漫于医学界的基于古老自然哲学的胡扯乱编——从超自然疗法到动物磁性说以及负力说等等一切——给了当头一击。缪勒自己也曾与消极情绪较量过,他一度极端消沉,甚至想自杀,后来去了比利时的奥斯坦德。1847年担任柏林院长期间,他任命他一个聪明的学生微耳和担任讲师。

一年后,1848年的革命使德国的一切都乱了套,而微耳和正在与一切阻碍作斗争。社会问题随即变成微耳和一切工作的基础,他的工作最主要的是发现了细胞的基本功能。微耳和把人体看成是一个民主社会,一个由平等个体组成的自由国家,一个由细胞组成的联邦。一切疾病无非是细胞状态发生变化。这些平等主义观点导致微耳和于1861年协助建立了德国进步党,4年后他偏偏激怒了有权有势的俾斯麦,使得后者提出和他决斗。幸运的是,对于微耳和来说,没有引起任何后果。微耳和本人后来变得牛气冲天,手握大权,最后被称为"德国医学的教皇"。

在维尔茨堡短暂的教书间歇,微耳和教过一位叫亨森(Victor Hensen)的人。这个人的业绩包括研究蚱蜢前腿的听觉器官以及鉴定人耳蜗的几个小零件。1889年亨森花了115天航行了整个大西洋,目的是寻找使他着迷的另一样东西。为此,他设计了一个特殊的网,这网由均匀的纺织丝绸制成,这种丝绸通常被磨坊主用来分离不同等级的面粉。亨森要找的目标是看不见的、微小的、无所不在的,嗯,在有浮游营养物的地方无所不在。使亨森着迷的东西——浮游生物,在吃完了这些营养物后,就会死掉,沉到海底。亿万年后,这些浮游生物的壳就形成了沉积岩。

到了20世纪早期,这些岩石被磨成细粉,称为硅藻土。它的一个用途是用来黏合一捆炸药(硅藻土有非常难得的惰性性质,当用来吸收硝化甘油时,这一性质非常宝贵)。硅藻土的另一个用处更加平凡,当微量的镍放在硅藻土上时,镍充当了催化剂,使得氢分子和油分子结合,使油在室温下变硬,可以涂抹在面包上(如果油是棕榈油,即成为人造黄油的一部分)。

我前面提到过1869年人造黄油的发明者、法国人梅热-穆里,他还取得了一个泡腾片剂主意的专利以及(1845年)在制革工艺中使用蛋黄的专利。那是一个书呆子的全盛时代。梅热-穆里的人造黄油工作[和他的勒容·多纳奖章(Legion d'Honneur medal)]是由法国化学巨匠谢弗勒尔建议的。谢弗勒尔在巴黎自然历史博物馆工作了近90年,在此期间他写了论脂肪的书。他发现并分析了所有脂肪酸,给它们一一命名,把碰运气的煮皂锅操作变成了精确的科学。有了谢弗勒尔的指导,制造商们现在可以把肥皂做得既便宜又好。谢弗勒尔关于脂肪的知识还使得蜡烛更加明亮。所以,当这位让世界更干净更明亮的人死于102岁高龄时,全法国进行了一整天的哀悼,真是一个小小的奇迹。

制造肥皂需要碱。当谢弗勒尔开始他的研究工作时,碱仍然是从木灰中提取的。但是因为大部分法国森林开始为海军造船提供木材,所以不论是法国还是当时的敌手英国,都迫切需要寻求另一种碱的来源。一种替代来源就沉睡在不列颠和西苏格兰的多石海岸线上。这是一种海草，称为海藻。把它变成灰很简单，也有利可图。农民们用耙子把海藻从岩石上耙下来，放在深坑里，上面压上石头，然后用火烧，做成一块大硬饼，可以碾成粉备用。在苏格兰，海藻灰替代品使得以前毫无价值的岩石海滩的业主们发了财，盖起了许多新的拟哥特式城堡。

1811年在法国，库尔图瓦（Bernard Courtois）把这种海藻灰倒进了硝石床。库尔图瓦是黑火药制造商，他意外地发现了一种新元素。那一年库尔图瓦用水过滤海藻灰，希望蒸发出他需要的盐。当他加入过量的硫酸（为了去掉不想要的硫磺化合物）时，桶里冒出的紫色烟把他吞没了。进一步研究发现了紫色的晶体。两年后，这种紫色的东西由法国首屈一指的分析师分析，并命名为碘。碘在希腊语中是紫色的意思。

这位分析师盖-吕萨克（Joseph-Louis Gay-Lussac）还有过一次壮举，堪比我本文开头提到的在电视里看到的航天飞机。他曾经（乘热气球）上升到创纪录的高度做科学考察。盖-吕萨克还告诉我，我在观看航天飞机升空时喝的酒是低度的。

标签上标示的酒精含量数字（记得吗？）被称为"盖-吕萨克数"。

41 把你的耳朵借给我

昨天晚上我正竖起耳朵听收音机里的天气预报(常常是不可靠的),想起了历史上的一位无名英雄。好,让我们来听听费雷尔(William Ferrel)的故事,他是美国宾夕法尼亚州的一个害羞的、自学成才的教师。1858年,他第一个解释了地球的自转如何影响天气变化,并提出了一个相应的数学理论。我说他是"无名英雄",是因为大多数人认为这一切是法国人科里奥利(Coriolis)做的。非也。

正如其他19世纪的天气预报工作者(以及所有科学工作者)一样,费雷尔受到了洪堡的著作的启示。很难说洪堡没研究过什么,举几个他研究过的领域:经济学、地质学、采矿、电学、气候学、地理学、海洋学、宇宙学、数学、(到处)探险考察、火山学、植物学、化学、测量学……难道这还不够吗?洪堡是专家之专家,也是第一个真正的生态学家。另一个真正的生态学家是杰斐逊,洪堡于1804年完成了在南美洲的艰巨之旅后访问了杰斐逊。杰斐逊当时正对路易斯(Lewis)和克拉克(Clark)的探险队、沿海勘测、农业改良等极感兴趣。所以他和洪堡之间的关系进展迅速。

他们俩还都深受哲学背景的影响。洪堡受康德(Kant)哲学的影响,杰斐逊受美国第二古老的大学威廉和玛丽学院的教师的影响,他在那里学哲学,然后才做了其他的事,如当选美国总统。威廉和玛丽学院可能并不完全赞同下面的说法,但是我曾看过资料上说这个学校的很多基金来自一位叫韦弗（Lionel Wafer）的外科医生、作家和海盗。他炫耀自己身体上的文身和唇盘（巴拿马的达里恩印第安人的一种礼节性饰物），以及5年海盗生涯非法掠夺而来的许多战利品，唔，全都是好东西。当他被捕并被送到詹姆斯敦监狱服刑两年时，这些掠夺之物被没收"用于修建一所学院"。

有趣的是，海盗的掠夺品并不全是金条和宝石之类的。有时被撞翻的西班牙大帆船携带了真正的宝贝，如压碎的胭脂虫科的未受精雌虫。及时地把它们从墨西哥仙人掌上刮下来、烘干、碾碎，到了17世纪20年代，这些小东西落在一位荷兰即兴发明家德雷贝尔（Cornelius Drebbel）手里，他的发明后来改变了军队的生活。德雷贝尔做显微镜、潜水艇、幻灯机，以及猩红染料。最后这件事起因是很偶然的。他带着胭脂虫搬到伦敦后不久的一天，胭脂虫掉进了马口铁器皿里的硫酸和盐酸混合液里，他吃惊地注意到产生了深红色效果。他把这件事告诉他的女婿库夫勒（Abraham Kuffler），后者马上制出一种新染料库夫勒红。1645年，克伦威尔把他的新模范军的制服染成这种红色。从此以后，形容英国的、行军的、扛武器的任何人所用的词都是"红衣兵"（Redcoat）。

在苏格兰人嘴里，"红衣兵"往往含有辱骂的意思。1745年查理王子领导的苏格兰高地起义失败，由于英格兰兵的行为恶劣，苏格兰人生活非常糟糕，他们成群结队逃到美国。许多年以后，尘埃落定，一两个逃亡者偷偷回到英国。麦克唐纳就是这样的一个人（她曾在苏格兰的卡洛登大败后，帮助查理逃出英国）。

回到苏格兰后，1779年麦克唐纳病了。给她治病的是亚历山大·芒罗（Alexander Munro）第二，他是新的爱丁堡大学医科一家四代伟大医生中的第三代医生。第二变成了第三，因为他的父亲，名字也叫亚历山大，被称为第一，因为这人的父亲叫约翰（John），糊涂了吧？我也是。有一段时间，亚历山大·芒罗第一常常要躲闪愤怒的平民从窗户外扔进来的砖头（他们不喜欢他的学生突然闯入墓地，偷走他们亲人的尸体，用于他们的解剖课）。亚历山大·芒罗第一教过一名海军学生詹姆斯·林德（James Lind），由于他，英国兵获得了另一个绰号（这次是美国人起的）。

1747年5月，在著名的英国皇家海军"索尔兹伯里号"巡洋舰上，詹姆斯·林德进行了也许是临床营养史上第一例严格的临床试验。在14天里他让6对坏血病病人吃同样的饮食，但每对病人吃不同的药：苹果汁、甘香洒剂、醋、海水，和一种"药糊糊"即橙子加柠檬。这种柑橘属水果获得了成功。1753年，詹姆斯·林德发表了专著《论坏血病》（A Treatise of the Scurvy）。由于这本专著，几年以后，皇家海军给海员们定量配给酸橙汁，海员们就再也不得坏血病了。但是，他们不得不忍受"酸橙汁"（英国佬）的外号。

詹姆斯·林德是因为听说了英国海军的一次极度错误的探险活动新闻，令他感到震惊，从而刺激了他从事坏血病的研究的。1740年安森（George Anson）船长率领6艘大船和1000多人从英格兰出发开始航行。他的使命是驶向太平洋，一旦发现西班牙人就痛打他们。他的确这样做了，毫不留情地攻击了西班牙的港口和船只，像往常一样所到之处损毁一切。4年后，他带了很多金银财宝回国，以至于需要30辆四轮马车把

这些财宝从码头拉到伦敦塔保管。所有从安森船长的船上活着走下来的海员都大发横财。每个人可以分得的战利品远远多出原先的计划，因为原来的6艘大船和1000名海员，只有一艘船载着145名海员回来了，其他人都因坏血病而病死途中。

具有讽刺意味的是，安森的航海之旅也是起因于另一起医疗突发事

件。1731年英国双桅船"丽贝卡号"正在加勒比海向过路的西班牙大帆船贩卖走私品，漫天要价，这时从附近的哈瓦那突然出现一群新编水上警察，(用英国抗议哈瓦那政府的信中的话说)把这艘双桅船搞得非常惨，"几乎卒于途中"。然而"丽贝卡号"奇迹般地回到了英国。7年后(历史事件总是发展缓慢)，船长詹金斯(Robert Jenkins)被要求到英国国会的一个委员会出面陈述他的经历。他去了，挥动着一个盒子，里面放着他的耳朵。这只耳朵是在那次冲突中被古巴水上警察头儿，一个叫凡迪尼奥(Juan de Leon Fandino)的有名的疯子割下的。为什么他把耳朵放在盒子里，我也不知道，但是如果詹金斯没有保存这只耳朵，它就不会变成有历史意义的附器。在詹金斯展示了他那令人毛骨悚然的物证之后，国会骚动了(随后是公众对此的激奋)，从而导致了一场英国和西班牙的冲突，现在称为"詹金斯的耳朵战争"。

法国政治家米拉博(Mirabeau)后来把这场战争作为一个绝好的例子，以说明让一群政客宣战后果会怎么样。米拉博对民主敲响了这一次警钟后就死了。法国对他所作的一切非常感激(对不起，没时间说得更详细了)，他们把他下葬的巴黎教堂更名为"先贤祠"，也就是傅科1851年悬挂他那巨型单摆的地方。我前面曾经提到过这个单摆。它悬挂在惯性空间，启迪了本文开头的那位美国气象员，他说："如果一个物体向某个方向运动，则存在一个由地球自转而产生的力，这个力会使物体在北半球向右偏转，在南半球向左偏转。"

我想这个预报是真正可信赖的。

42 友好协议

几星期前,我才明白英法超音速运输机被称为"协和"(Concorde)是为了歌颂英法友好,那时我正飞在大西洋上方6万英尺的高度。当我们系着安全带以马赫数为2的速度飞行时,我看到飞机上其他所有人都假装厌倦,无动于衷。

当然,除了客舱前面面板上的马赫数以外,你是感觉不到超音速的。马赫(Ernst Mach)本人早在19世纪末就预言过这一点,当时他用纸口袋把人的头套起来,以研究人体对加速度的适应性。经过开始阶段的震荡以后,你的半规管就完全趋于正常了。

马赫做出了引人注目的成就,但他没有像爱因斯坦(Einstein)那样得到新闻舆论的关注,这很遗憾,因为马赫研究相对论远远早于爱因斯坦这位巨人。对马赫来说,没有什么绝对性,只有参考系,因为感觉完全是主观的东西(见刚才的纸口袋实验)。这一思想学派有一个时髦的名字"实证主义",人们认为是马赫在维也纳奠定了这个学派的基础的。这就是为什么一位有趣的法国思想家孔德(Auguste Comte,他曾跳下桥自杀,但未遂,而后和一个妓女结婚,然后开始研究社会学)没有像马赫那样得到新闻界的关注。但到这儿请允许我先提一句,以免失控:马赫从孔德那里学到实证主义,孔德从圣西门那里,圣西门从孔狄亚克(Condillac)那里,孔狄亚克从洛克(Locke)那里学到实证主义……

不论怎样,是孔德首先说,科学的目标是预言。他把历史分成三个时代:充满神的时代;充满神秘力的时代;算出数学规律后用公式表示的自然规律时代*。孔德还提出社会物理学(Social Physics),即预言行为,并使地域划分人员、规划人员和政治家的生活变得比较轻松的方法。(是不是给他打个3分?)孔德持实证观点的另一个领域是"一般生命科学"(general science of life),这是早年由比沙(Marie-Francois-Xavier Bichat)开创的,比沙还对动物和人体组织进行煮、煎、烤、干燥、焖、蒸、泡、炖等(总之就是应用烹饪技术),鉴别了21种不同类型的组织。他还说,由于每种组织有不同的性质,所以每种组织会得不同的疾病。你是否在寻找死因?那就从组织中去寻找吧。幸运的是,对于侦探小说迷和一般的刑侦人员,比沙的玩意儿变成了"病理解剖学"。

当然,比沙的这一生理学基本方法完全不是他的,这类事情几乎永远不会是。在这个新的、18世纪末的自然哲学流派里,比沙仅仅是一个跟随者。领头人是谢林[唔,我可以论证谢林是从费希特(Fichte)那里,费希特又是从康德那里继承来……但那样你就会气得把这本书扔了]。

自然哲学是大统一理论(Grand Unified Theory)前的大统一理论,这个理论假定存在一个基础本源,一切都是由这个基础本源构成的(例如比沙的组织,因此他四处寻找这个基础本源)。1797年谢林还给浪漫主义注入一丝活力,他提出自然完全是对立的两极——南北磁极、酸和碱、热和冷等等,生命过程就是这对立的两极不断斗争的过程,其斗争的结果将产生"更高层面的统一"。这种颠三倒四的胡说让新型的理性主义启蒙思想家们感到愤怒和苦恼。

但是一位丹麦假发商学徒奥斯特——他后来获得了一个制药学学位(为什么不呢)——并不这样,他对这一浪漫主义自然冲突说感到兴奋不已。假定令电的正负"磁"性冲突得非常大,那么如果往一条非常细的

---

* 即宗教时期、形而上学时期和科学时期。——译者

电线上猛地注入电流,就可以制造一个磁场。1820年,奥斯特就这样给电线注入了电流,而且的确制造出了一个磁场。5年后,一位英格兰靴匠斯特金(William Sturgeon)将一根通电的电线缠绕在一根软铁棒上,制成了一个极强的磁场,强得能够移动东西。比方说收报机上的电键,当电流沿着电线涌来时,电键就会动作。这对一个靴匠来讲不坏,对吧?

斯特金对电磁的着魔(就像富兰克林500次重复雷阵雨中风筝实验那般着魔)让他得到了一个东印度公司皇家军事科学院讲师的席位,这要感谢该学院数学教授克里斯蒂(Samuel H. Christie)的美言。克里斯蒂的父亲是克里斯蒂艺术品拍卖行的创始人,也许这就是人们说萨姆(Sam)*从小就是乔舒亚·雷诺兹爵士(Sir Joshua Reynolds)的好朋友的原因。乔舒亚·雷诺兹爵士是艺术家中之艺术家:杰出的皇家科学院院长、国王的朋友、非凡的肖像画家。你随便说一位能够呼风唤雨的大人物,他都画过其肖像。他还画过一位来自瑞士的年轻女士,据说他和她有那么一点关系。我曾经提到过她,所以现在就不花时间多说了,她就是考夫曼,1770年在伦敦极受推崇的人。她也画画,只不过也许更多的是画房子,而不是人。

考夫曼曾在罗马由温克尔曼(Johann Winckelmann)陪同度过影响其艺术风格形成的几个月。温克尔曼开创了艺术史和美学史这些东西,这些东西是那个年代从孩童到毕业期间有教养的年轻女子都要学的。在庞贝、赫库兰尼姆等古城刚刚被发掘出来不久,是温克尔曼告诉欧洲人去看看这些古迹,以使人们了解公元零年是什么样子,从而更好地理解古典艺术。其他人,如皮拉内西(Giambattista Piranesi),把他们碰到的每样遗迹都画下来。皮拉内西把他的作品给苏格兰建筑师亚当看,亚当然后回到家乡,把粗笨的英国祖传房子变成了小巧美观的希腊罗马别墅,最后加一些装饰,其中有些是考夫曼做的。

* Samuel 的昵称,即克里斯蒂。——译者

亚当委托博尔顿制作所有金属活计,博尔顿的伯明翰工厂里有各种切削和印花的机器设备,他在那里度过余生,并与詹姆斯·瓦特的生活联系在一起。博尔顿是做鞋扣起家的,在鞋带时代之前这是个不错的主意。博尔顿不傻,当政府考虑发行一套新货币时,他也参加了蒸汽动力(谢谢你,詹姆斯)制币任务的角逐。1797年他获得了两个合同:一个是制作新的英国铜钱,一个是在伦敦塔建立新的皇家铸币厂。博尔顿的新机器可以每分钟打制200个硬币,只需要一个人值班,因此铸币厂可以裁减员工。

蒸汽冲压机使得有可能对钱币刻画得非常细致入微,从而促进了一个新的更有艺术性的钱币设计法。1814年,铸币厂主管请来一位派头十足的意大利人皮斯特鲁奇,他首次在沙弗林和克朗金币上刻上了圣乔治的头像和龙。皮斯特鲁奇采用了一种新型缩放仪,能够复制最精细的细节,从而使他能够非常灵巧地进行设计。有一次他印上了自己的全名,而不是惯常的人名首字母。这一有失体统的做法,以及他是一位外国人的事实,使他得不到他应得的主雕刻师的头衔。

然而,在他去世的前几年,1850年皮斯特鲁奇公布了他的纪念滑铁卢战役大奖章的设计。正是滑铁卢战役使得英法关系恶化,以至于一百多年后,我们仍忙不迭地表示亲密友好,以修复英法关系,例如给超音速飞机取一个法语名字:Concord后面加上一个e*。

---

* 就是法语中的"协和"。——译者

43 嗞……嗞

最近爆发的一场关于一名舞台催眠师(受他催眠的人声称他造成了他们的长期痛苦)的媒体歇斯底里大发作,让我回想起催眠术就是这么开始的,我意思是说,就是从歇斯底里开始的。当时布罗伊尔(Josef Breuer),杰出的维也纳医师,给一位名叫帕彭海姆(Bertha Pappenheim)的女士治疗他认为是歇斯底里的病(症状:趋同斜视、视觉障碍、麻痹、四肢痉挛),治疗方法是完全新型的称为"深深凝视我的眼睛"疗法。疗效非常好,以至于他和一个一起工作的同事开创了一门完全崭新的学科:心理分析。这使得布罗伊尔的那位同事非常出名,我只要告诉你他的名字是西格蒙德(Sigmund)*你就知道他是谁了。

弗洛伊德来到巴黎喋喋不休地对所有愿意听的人唠叨此事,但他的教授、法国最热门的神经学家沙尔科(Jean-Martin Charcot)对此事漠然(沙尔科是"神经医学界的拿破仑",因为他作示范时,总是把一只手放进上衣里,而且他显得自大,举止总像是在作秀)。因为沙尔科正在忙于使世界相信,就脑而言,精神实际上就是物质的。当时人们认为脑是人体中"最先进"的系统,它控制神经系统,因此是所有疾病的根源。自古希腊以来,差不多所有人都认为,存在某种有魔力的流体从脑的不同部

---

* 即西格蒙德·弗洛伊德(Sigmund Freud),著名奥地利心理学家。——译者

位顺着神经留下来,流到人体的不同部位。你可以说,灵在肉上。

1810年之后,施普尔茨海姆和加尔(两个维也纳医生……维也纳怎么啦?)提出了这个理论的一个变体。他们的想法是脑是由37个器官组成的,每一个器官控  制人的一种个性特征。大脑中的这些控制中心越发达,就越大,就越会在头盖骨顶出一个隆起部分(左耳后面如果有一个隆起,说明你是一个很好的情人,如果你想检查一下的话)。1815年施普尔茨海姆来到爱丁堡做了一个关于灰质的讲座,启发两个爱丁堡人——乔治·库姆(George Combe)和安德鲁·库姆(Andrew Combe)——建立了颅相学学会。

颅相学顿时流行起来(它的信徒还有维多利亚女王),因为一旦你找到了你感兴趣的隆起,你可以通过练习让它变得更大。在19世纪中期人人都想自我改善以向高处走的氛围下,使头上的知识隆起变大的能力太吸引人了。颅相学甚至为社会改革者带来了希望的曙光,他们希望使代表犯罪倾向的隆起变小。对乔治·库姆来说,当他想结婚的时候,他遇到了一个脑袋。他当然要检查一下他未来的新娘的脑袋。她通过了他的检查,他和她结婚了,因为"她的小脑前叶很大;她的慈善、她的良知、她的坚定、她的自尊和喜欢受到赞赏等个性充分发达"。而且她很有钱。

即使脑袋最硬(最冷静严酷,对不起,最后一个关于脑壳的玩笑)的商人也会对这一派胡言乱语倾心。莫德斯莱(Henry Maudeslay)是一个很实际的人,他发明了螺旋切削车床,要是没有它,工业革命也许就不会发生。他告诫所有的年轻人要检查检查他们心爱的人的头盖骨(莫德斯莱还发明了一个机器,测量的精度在万分之一英寸以内,于是他把头盖骨的检查定量化)。莫德斯莱的一个学生是拿破仑战争的年轻的逃兵役者，名叫罗伯茨，我前面曾间接提到此人，他发明了自动打铆接孔的机器，为不列颠大桥和"大东方号"蒸汽机船打铆接孔。

罗伯茨在事业初期曾为钢铁大王威尔金森做翻砂工。威尔金森开办了世界上最早的一家鼓风炉铸造厂，在一个叫科尔布鲁克戴尔（Coalbrookdale）*的地方。（无奖竞猜，如果你去那里能看见什么？）威尔金森把他的炉用燃料从木炭转为煤，并开始成吨地生产出生铁。1770年前后，他提出另一个发明，没有这个发明可能就不会有工业革命，这就是一种把实心金属钻成大炮炮筒的机器。尽管当时英法关系已经恶化（即将打仗），他还是把这项技术偷偷运过英吉利海峡带到法国，让革命前的法国用它制造加农大炮，然后运送到美国一批脑子里想要进行另一种革命的人手里。同时瓦特抓住时机，让威尔金森的机器以足够高的精确度钻出汽缸，让他的新蒸汽机密不透气。

所有这一切为威尔金森赚了很多钱，足够为他自己做一口铁棺材（做了三个才达到合适尺码），而且可以为他姐夫（或妹夫）——一个失败的传教士（因为他有言语障碍），后来转而做科学家的普里斯特利——提供财政资助和实验仪器。当普里斯特利和他的夫人搬到利兹一家酿酒厂旁边居住时，他突然交了好运。当然你肯定会注意到这种地方有很多二氧化碳，因此普里斯特利把二氧化碳放进水里，发明了苏打水。公平地说，他还发现了氧气，写了关于电的权威性著作，并成为当时所有科学明星的朋友，包括富兰克林。普里斯特利和本杰明·富兰克林的亲密关系让那些极端效忠"国王和国家"的英国暴徒感到不舒服，他们后来放火烧了普里斯特利的实验室，迫使他1794年离开英国去了美国。

普里斯特利实验仪器的提供者之一是陶艺师韦奇伍德（他俩都是月光协会的会员，月光协会是由一群革新者和自由主义思想者组成的，他们每逢满月时聚会，因为这时夜路比较好走）。如果你对正宗陶器颇感

---

* Coalbrookdale 是"煤炭河谷"的意思。——译者

兴趣,你就会知道韦奇伍德这个人。韦奇伍德发了大财是因为他把他设计的一套餐具称为"女王器皿"。那些想挤入上流社会的人大批地买进这东西。连俄国女皇也买这东西。韦奇伍德的陶瓷使得新古典主义风行一时,因为它的设计是以韦奇伍德收藏古董的朋友威廉·汉密尔顿爵士从庞贝及其周边地区盗来的花瓶、雕像、三角墙以及柱基等等(所有他拿得了的)东西的风格为基础的。威廉·汉密尔顿爵士是英国驻那勒斯王国的全权大使。他有时也在月光协会的聚会上露面。

另一个月光协会会员是伊拉斯谟·达尔文,他以豪饮以及曾经拒绝做乔治三世(George Ⅲ)的御医而闻名。韦奇伍德的大女儿嫁给了伊拉斯谟·达尔文的儿子,最后成了查尔斯·达尔文的母亲,关于查尔斯·达尔文就不用说什么了,除了他有一个表兄弟是高尔顿,据报道他的智商达到200,对统计学深感兴趣。高尔顿曾对祷告的有效性进行了调查;还曾对英国贵族三代的体重作了调查(谁说智商就是一切?)。更使高尔顿有名的也许是他创造了"优生学"这个术语。他还曾经一度是英国科学促进协会的积极会员。

1853年,这个协会的经常参加者之一布雷德(James Braid)写了一篇论文,论文有一个极吸引人的附录,题目是"桌灵动和招魂术"(Table-Moving and Spirit-Rapping),作为布雷德对精神疗法、迷睡、动物磁性的研究的一部分,他还发现了如何诱导出他认为对健康有好处的"心理和身体的一种特殊状态"。

布罗伊尔总有一天会同意布雷德把他的新疗法叫做"催眠术"。

我得停笔了。我的眼皮感觉特别沉重。

44　几个音符

我让自己放松有几招,其中一招是弹奏古典吉他。我弹得很蹩脚(对听的人来说非但不能放松,反而更糟)。不久前一天我吹着口哨《扬基歌》(Yankee Doodle)给自己伴奏,做一下热身,然后开始认真对待关于音阶的正经事,试图攻克《阿尔汉布拉宫的回忆》(Recuerdos de la Alhambra)这首曲子,但又失败了。当时我的脑海深处突然想,音乐的音阶是由荷兰文艺复兴的奇才、十进制小数的先驱、沙地帆车制造者、纳塞公国的莫里斯伯爵的军事顾问斯蒂文精确挑选出来的,是他把八度音阶分成我现在正在弹奏的半音。

1608年的一天,斯蒂文一定是出去吃午餐了,一个不知名的当地光学仪器制造者利珀斯海(Hans Lippershey)来到莫里斯的宫殿,带着他的新发明,说能帮助伯爵,当时伯爵正不懈努力地要把荷兰军队转变为高技术武装力量,以把西班牙占领军赶出去(伯爵最终成功了)。利珀斯海的新发明是一个两端带有透镜的管子。可用于"看",利珀斯海如是说。据报道莫里斯嘟囔着想要一个双筒望远镜,把利珀斯海讥讽了一番,让他碰个钉子走了。我们知道的下一件事是,1609年伽利略(Galileo)得到了这套东西并做了一个,他用此发现月亮上有山,后来指出有些卫星并不是绕着地球转而是绕着木星转,从而证明地球并不是宇宙的中心,改变了整个历史。

近100年前,哥白尼因其太阳系概念而受到罗马教廷的批判,因此老伽有同样遭遇一点不奇怪。伽利略另一条罪行(几乎和太阳中心论同样糟糕)是鼓励研究者去做关于"无"的研究,也就是研究真空。罗马教廷认为真空是不存在的,因为罗马教廷认为宇宙中任何空的区域都被上帝的存在所填充。这一恶作剧始于1630年,有人给伽利略提出一个难题:为什么抽水泵不能把水提到30英尺以上。对一个正在挖井取水,为佛罗伦萨公爵领地的喷泉提供动力的人来说,这是一个很严肃的问题。伽利略把这个问题留给他的助手托里拆利(Evangelista Torricelli,他在伽利略生命的最后几年住在伽利略的房子里,并最终接任托斯卡纳公爵的数学家和哲学家职位)。后来托里拆利的想法导致了这样的一个小装置:在一根管子里放进水银,形成一个水银柱,再将管子口朝下地倒置在一个水银盘子里。当这样把管子倒置在盘子里的时候,管子里的一些水银流到盘子里,另一些仍留在管子里面,管子里形成的水银柱沿着管子几乎到达顶端。那么,"几乎"上面的那个空隙是什么? 就是那个(罗马教廷认为的)"不可能存在的"和"异端学说"的真空。过了几天,托里拆利注意到管子里水银柱的液面慢慢地向上或向下爬。这是不是与盘子里水银表面受到的支撑着管内水银柱的大气压力发生变化有关呢?

托里拆利把这个冒险的想法写进了一封秘密信件,将信件的一份复本寄给罗马的一位新事物推动者头头兼好友里奇(Michelangelo Ricci),这份复本最终辗转到了唯一可能做出些事情的人手中,这个人就是梅森(Marin Mersenne),巴黎的一个科学牧师,他手中有欧洲最完整的通讯录。梅森是那种也许他自己不知道答案是什么,但他总能找到一个知道答案者的人。这次,他需要找到一个能够找到玻璃制造厂的人(真空实验装置的关键部件之一是细长的玻璃管)。玻璃管是高技术材料,这在当时并不容易买到,除非你与鲁昂的玻璃制造商住在一起。梅森要找的那个人就住在那里。

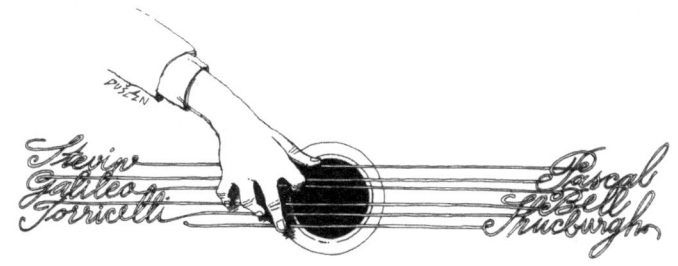

于是要在山区做的棘手事来了。鲁昂的地势像平锅底那样平,这个家伙需要带着水银管爬到相当高度,看看是否越往上,气压越低,水银柱高度也随之降低。幸运的是,在法国中部的克莱蒙费朗市,既有高山,又有他那意志和能力兼备的姐夫弗朗索瓦·佩里耶(Francois Peirier)。1648年9月19日,佩里耶来到多姆山,上山下山。他的水银柱高度也随着上上下下,就像一个气压计一样。这件事使得把他推到那个高度(准确地说是4888英尺高)的家伙、梅森的朋友、弗朗索瓦的内弟帕斯卡(Blaise Pascal)的声誉更加稳固。

帕斯卡是一位数学天才,他设计了第一个可行的计算器,并对赌博和概率深有研究。他还与激进的、回复到基本原则的天主教改革派詹森教派信徒有联系,因而卷入与罗马教廷的纠纷中。这些人是荷兰牧师詹森(Cornelius Jansen)的追随者,他们批判耶稣会会士的或然论(probabilism,"如果教会权威说你所想的不是原罪,那么大概就不是原罪")。反之,詹森教派信徒则拥护较大可能说(probabiliorism,"你不可能知道这是不是原罪,是原罪的可能性大于不是原罪的可能性,所以别做")。在当时,批判拥有绝对权威的耶稣会会士无异于自寻死路。因此到了1705年,罗马教皇下训谕要求詹森教派的牧师和修女戒除他们的习惯,除此之外,别无选择。莱佩(Michel de L'Epée)神父就遇到了这种情况,于是他离开,赴巴黎开办了一所学校,给聋哑人教手语。他教得非常棒,在一次测验中,他的一个明星学生用3种语言回答了200个问题。到了1789年,这所学校的校长是西卡尔(Roch-Ambroise Sicard),他完成了由莱佩开始编纂的手语词典工作。

1815年,一个美国人,加拉德特(Thomas Gallaudet),来这所学校学习教学方法。两年之后他在哈特福德开办了一家康涅狄格州聋哑人收容所。1872年,一个苏格兰移民在这家收容所做了2个月的教学,然后去了波士顿大学成为嗓音生理学教授。在那里,他试图开发一个系统以帮助聋哑人"感觉"或"看见"声音,从而可以模仿。这位教授很仔细地观察了耳鼓膜的工作方式,然后发现了一个使振动的薄膜产生出振动电流,从而引起另一个薄膜振动的方法。贝尔*最终提出的这个精巧的设计后来被称为电话。因为贝尔对其中涉及的电子学知识不大在行,他明智地请教了杰出的科学大师和史密森学会秘书长亨利(Joseph Henry)。

亨利早年曾经在伦塞拉尔(Van Rensselaers)家里做家庭教师,伦塞拉尔是荷兰籍的大庄园主,17世纪时拥有纽约州的大片地区。1642年在哈得孙河边的伦塞拉尔城,就在伦塞拉尔家的对面,伦塞拉尔盖起了克雷洛堡垒,以保护那里的定居者。

据传闻,正是在这个堡垒里,英国医生沙克伯勒(Richard Shuckburgh)谱写了本文开头我吹的那首曲子。

哦,我该回来弹曲子了。

---

* 就是刚才提到的那个教授。——译者

45 合理的想法*

最近我一只耳朵有点感染,暂时丧失了准确判断声源位置的能力。这令我感到,第二次世界大战中他们用以确定来犯火箭的弹道轨迹的方法的确非常妙(这火箭是对准伦敦,也就是对准我射来的,是谁射来的你是知道的……)。英国顶级聪明的脑瓜想出了一个妙招:用若干分置的麦克风,每个麦克风以微小的时差分别探测声音,对发动机的声音进行三角测量。研制这些导弹监视器的顾问是最年轻的诺贝尔奖获得者、物理学家布拉格(Lawrence Bragg),第一次世界大战期间他在军队服役时,曾用同样的技术(称为"声波测距法")确定大炮的位置。通过对炮声做三角测量,敌军大炮的位置就如同晶体一样清澈了。

布拉格正是因为对晶体的研究而获得诺贝尔奖的。1912年的夏天,他和父亲(另一位诺贝尔奖获得者)研究出了如何通过原子晶格反射X射线来辨别晶体的组成成分。一束束X射线从原子阵列反射回来(布拉格的用语),彼此发生相互作用,产生一个干涉图案,从而你就可以知道原子是怎样排列的,以及该晶体是由什么组成的。

这个方法的基础技术是同一年早些时候由一位德国人劳厄(von

---

* 原文为Sound Ideas,sound又义"声音",暗扣本文中数次提到的有关声音的内容。——译者

Laue)研究出来的,他开发这一技术是为了证明X射线是非常精细的电磁波。(因此如果你让X射线从像原子那样更加精细的东西上反弹回来,也会发生相互干涉。)劳厄让一块照相板在X射线下曝光,从而看见了干涉图案。产生的图案称为劳厄图。这一切细节是受到我前面提到过的法国前牧师阿维的启发,他有一天曾对一个同事谈到当他把一块方解石摔到地上时发生的情形。他惊讶地发现方解石碎片看起来非常相似,他拿起小锤子,开始敲碎所有他能找到的晶体。果真,每种晶体的他后来称之为"基本粒子"的东西都有同样的形状。对方解石来说是菱面体(我敢肯定你是知道的)。1801年,阿维写了一部通俗的大部头书,创立了晶体学,并认为有6种基本的晶形。

一位德国研究者对这件事看得特别认真。他的名字叫莫斯(Friedrich Mohs),他后来(1822年)论证道,晶形种类并不到6种,很可能只有4种。莫斯对这个问题的看法越来越坚定,他努力工作,搞出了一个今天只要有一位女士想检查一下她的宝石是否人造就不可避免地会用到的东西,我的意思是一个众所周知的事实——一颗钻石硬得能在比它不硬的任何东西上留下划痕——由于有了我们的朋友莫斯和他的"莫氏硬度表"才非常有名。莫斯给10种材料的硬度排了序,从云母(为1)到钻石(为10),后来这张表把手指甲加了进去。莫斯与宝石的亲密关系给了他一张进入上流社会的入场券,他最后成为德意志帝国财政部顾问,负责与钱有关的事务。

1825年，一位英国人拜访了莫斯，这个英国人特别想得到一个即将空缺的矿物学教授职位。他得到了这个工作。后来，1841年他成为剑桥大学的副校长。在剑桥大学，他推动了大学课程的改革，使课程设置向19世纪迈进。他的名字叫休厄尔(William Whewell)，我对他有一点亲切感，因为他在我之前150年就是一个科普作家和联系主义者。休厄尔是那种维多利亚时代的博学者：潮汐专家、数学家、六韵步诗作家、德语翻译家、希腊学者，以及发明"离子""阳极""阴极""物理学家"和"科学家"这些术语的人。他还反对尖拱和圆屋顶，赞成将飞拱作为哥特式建筑的决定性原则。而且有人说假如他没有当牧师的话，他就是一个伟大的拳击家了。休厄尔懂得并组织了整个英语世界的科学秩序，成为科学头头中的头头。

休厄尔还是一个学生的时候，曾听过"盲人哲学家"高夫(John Gough)的课，那是在英格兰北部的湖区，休厄尔的老家。盲人高夫特别擅长数学和植物学，他用他的舌头和嘴唇感觉植物，他还发明了一套关于扩音器的数学理论，研究了口技，而且研究了"发声物体的位置"的问题——刚好和本文第一段相呼应。华兹华斯(Wordsworth)和柯尔律治认为高夫非常成功地经受住了磨难。他对天气的着迷传给了另一个学生道尔顿(John Dalton)，道尔顿继续他的事业，做了20多万条的每日气象观察记录。1824年，道尔顿从床上掉下来死了，死之前无力地写下最后一条记录："今天基本无雨。"

多年对空气中水的观察自然使道尔顿对水中的空气（或任何气体）产生了兴趣。他做了许多实验迫使各种气体在高压下溶进水里，这使得他（1803年）产生了令人震惊的想法：他所谓的"轻的、简单的"气体粒子比"重的、复杂的"粒子更不容易溶进水里。他在一篇论述这个问题的论文最后附上了一张轻重粒子清单，这是第一张我们现在称为原子量表的表格。

1792年，道尔顿被任命为曼彻斯特的一位论派（Unitarian）新学院的教授，这个学院是在附近的沃灵顿新教徒学院消亡后开办的。普里斯特利曾在这里教过书，后来莱因霍尔德·福斯特（Reinhold Forster）接任。从1772年到1775年，莱因霍尔德及其儿子乔治（George）是英国皇家海军舰艇"果决号"上的博物学家。当时库克船长正在寻找假定存在的南部大陆。回来以后，福斯特父子抢在著名的库克船长（本应他是作者）之前很快出版了他们关于这次远航的书。这令福斯特父子在海军官员们中名声很不好，以致乔治离开英国去了德国。1790年他和洪堡沿莱茵河旅行了3个月，大概缠住洪堡谈了大量库克探险队那些伟大的日子里博物学家们的英勇故事。不论洪堡是否做了笔记，他后来在南美洲考察时，的确做得和福斯特父子在太平洋上做的一样棒。

洪堡的著述征服了自由自在的地理学家和旅游作家拉采尔（Friedrich Ratzel）。这人后来进行了一次美国之旅，研究美国原住民人口日益下降的问题，并于1901年提出了一个关于人口与生存空间之关系的理论，也就是说生存空间越大，人口越多。1921年慕尼黑地缘政治学教授豪斯霍费尔（Karl Haushofer）在坐得满满的课堂上讲授拉采尔的理论。两年后，他去探访过去的一名学生，这名学生在监狱里刚好和另一个人同住一间牢房，那人正在撰述一些伟大的思想，并很快接受了拉采尔的"生存空间"理论，因为这刚好和他自己关于未来使德国作为世界强国而进行扩张的想法完全吻合。

豪斯霍费尔的这名前学生名叫赫斯（Rudolf Hess），他的监狱同伴就是后来发射本文开头提到的V-1导弹的家伙：希特勒（A. Hitler）。

我回想起他的耳朵也有问题。

46 也可能不是

在那黑暗的欧洲中世纪,文化之光熄灭了(也可能不是),现在的学术研究对于那段历史的真实情况已经很清楚了,遗憾的是,好莱坞还在大量炮制关于亚瑟王(King Arthur)的有历史年代错误的垃圾。正如你知道的:影片中的人物使用900年后的术语,武士穿着700年后的奇异盔甲,军服和骑士服是600年后的,有吊桥的尖尖城堡是600年后的,骑手用的是500年后的马镫,等等。

提醒你一下,消除这些时代错误可能会使票房收入受到重创。历史上类似性质的一次大曝光就是这样。这里的票房是指天主教的票房。天主教15世纪的大老板是政治影响力和精神影响力兼有的教皇,或者他自己是这么认为的。直到1440年,一个名叫瓦拉(Lorenzo Valla)的文献学小文人(即人文主义学者)正在寻找罗马教廷的肮脏事(他的老板是那不勒斯国王,正和梵蒂冈争吵管辖范围的问题)。这个瓦拉利用他在拉丁文方面的才智,指出到那时尚未受质疑的(拜占庭皇帝)君士坦丁(Constantine)的《御赐教产谕》(*Donation*)文件(这个文件授予罗马教皇对全欧洲世俗的权威)中使用的语言和术语是假的(正如好莱坞电影《亚瑟王》里使用的语言和术语是假的一样),因此这个《御赐教产谕》是伪造的,它写于这个虚假事件发生400年后。这当然地阻止了教皇索取世俗权利的企图。中世纪法庭的一切都乱了套。

瓦拉只是保住了自己的脑袋（确实如此），这是因为他有一个地位很高的红衣主教朋友、有影响力的库斯的尼古拉斯（Nicholas of Kues）。教皇听取了他的意见，他把事情平息下去了。尼古拉斯有点像梵蒂冈的巡回大使、教会的主要学问家。15世纪中叶，在没有受到哥白尼影响的情况下，他独立地发表意见，认为地球绕轴自转，并不是宇宙的中心，而且还可能存在其他有人居住的行星。他比伽利略早200年提倡实验方法（例如将物体从高处扔下以测量其下落速度，并注意其空气阻力）。他比马赫和爱因斯坦早500年论及相对论。

尼古拉斯的大英雄是他在帕多瓦大学（当时的MIT）遇到的同学托斯卡内利（Paolo Toscanelli），尼古拉斯认为他是当时活着的最好的数学家。但是托斯卡内利后来证明自己不仅仅如此。首先，毕业后他回到了家乡佛罗伦萨，向一位建筑师朋友讲述了他正在研究的阿拉伯的新透视几何学。这个朋友布鲁内莱斯基（Fillippo Brunelleschi）利用这一信息发明了会聚视线和灭点等东西，从而启发了一个绰号为马萨乔（Masaccio）的艺术家，使得他画的三位一体画如此惟妙惟肖，以至于人们以为自己正透过墙上的洞观看这一幕情景。从此整个文艺复兴运动开始了。

1464年，当托斯卡内利出现在库斯的尼古拉斯的葬礼上时，他正在对制图学深感兴趣。他熟读了马可波罗（Marco Polo）的游记，并利用马可波罗的数据算出了意大利到日本的距离。然后他夸大其词，以使他的另一条路线看起来更好些（即比实际情况短约10 000千米）。在库斯的葬礼上，托斯卡内利和一个葡萄牙牧师罗里斯

(Fernao Martins Roriz)谈起这件事情,这个人刚好是葡萄牙探险活动常设委员会的头儿。10年之后,托斯卡内利给他送去一张"展示和讲述"式地图,让他转呈葡萄牙国王。国王没有接受这个主意。因此托斯卡内利最终把地图提供给一个特别想去日本的意大利水手*,因为据说日本的屋顶都是黄金做的。对这名水手来说,托斯卡内利的跨越大西洋、一路上除了水以外没有其他东西的西行日本的航线,倒是足够令人兴奋,可以募集很多资金做成此事。1492年8月2日,哥伦布(Columbus)向西直奔日本,奔向历史上最大的惊喜**。

同一天,另外一些人为了另一些非常不同的理由离开了西班牙。对西班牙的犹太人来说,8月2日是要么自我改造要么坐船滚蛋的日子,即他们要么被迫(背离犹太教)皈依天主教,要么离开西班牙并且不许带走私人物品,如果两者都不,那么将被处死。对一个姓斯宾诺莎(Spinoza)的家庭来说,葡萄牙是最近的天堂。直到1580年,西班牙(以及中世纪天主教的宗教法庭)接管了葡萄牙,最近的天堂变成了(荷兰首都)阿姆斯特丹。于是斯宾诺莎一家最后抵达了那里,并最终在欧洲这个真正容忍异教徒的国家定居下来。1670年,这一家庭的后裔、哲学家斯宾诺莎(Baruch Spinoza)出版了一部书,呼吁完全的思想自由和言论自由,否认神创造的奇迹和人死后的灵魂,把宗教扔到垃圾堆里去,让数字成为解释宇宙的唯一途径。他的这些观点让即使是思想最开明的荷兰当局也深感头疼。到这时,斯宾诺莎的数学已经吸引了荷兰科学的重量级人物如惠更斯的注意。他把斯宾诺莎介绍给说英语的德国人、当时任伦敦皇家学会秘书长的亨利·奥尔登堡(Henry Oldenburg)。

奥尔登堡代表伦敦皇家学会在全欧洲建立了一个通信联络网,日夜写作和接收关于科学的信件。有时,写信者们在信中插了一些"只给你

---

* 就是后面提到的哥伦布。——译者
** 指美洲大陆的发现。——译者

看"的间谍内容,奥尔登堡就将这些不那么科学的信件转给有关当局,于是皇家学会就免得付邮资了。亨利的另一项职责是照顾多拉·杜里(Dora Dury,他的受监护人),他的第一任妻子死了之后他就娶了多拉。多拉的父亲,约翰(John),是一个英国国教牧师。他在欧洲四处走动,竭尽全力想让各新教教派顺从英国国教(他失败了),曾经有一次,他在瑞典试图劝说克里斯蒂娜女王帮助他(他失败了)。克里斯蒂娜脑子里有其他事情(如退位),而且,作为一个快要成为天主教徒的人,她最不愿意的事就是去求别人了。

克里斯蒂娜的聪明是有名的(她被称为北欧智慧之神),还在当君主的时候,她经常邀请著名的学问家来刺激她的大脑皮层。其中一个这样的大师是胡戈·德·赫罗特(Hugo de Groot),荷兰法律之鹰,并且是第一个(于1609年)构想海洋法的人,他说海洋不属于任何国家或个人。这使英国人的日子很难过,他们最近拦截了一艘荷兰船,这艘带着22头海象的船正从格陵兰岛返回,英国人的理由是海象是属于英国的财产,是被偷走的,因为格陵兰水域是属于英国的。这些理由被英国法理学巨星、国王的顾问塞尔登(John Selden)编集成典,以反驳胡戈的论点。1618年,塞尔登为了自己的目的,写了一篇散文献给新上任的(英国上议院的)大法官(英国最高律师)——弗兰西斯·培根(Francis Bacon)。

当然,弗兰西斯·培根的科学和哲学成果可说的太多了,我只是简单提一下他还写了关于广告学(advancement of learning)的书,书中他希望所有人共享人类知识成果(他一定会喜欢因特网的)。弗兰西斯·培根还曾经做过这样一个不大为人所知的观察:大西洋两岸的大陆看起来是吻合的。直到1912年一个德国气象学家魏格纳(Alfred Wegener)才提出一个解释——大陆漂移。

在长达50年的时间里,地质学家们蔑视这个解释,嘲笑说魏格纳只是一个天气预报员而已,坦率地说,是他的幻觉。有趣的是,另一个让魏格纳着迷的现象就是海市蜃楼,最复杂的海市蜃楼之一是著名的"摩根女爵"(Morgan le Fay),名字取自中世纪传说中的一位著名女巫。

这个女巫还因另一件事而有名:她是亚瑟王的姐姐。

也可能不是。

47 关于度

最近,我在一架飞越大西洋的波音777飞机的驾驶舱里观看机上人员那魔术般的航行技术,突然想起这一切都要回溯到18世纪法国人的那两次航海探险,他们的目的是看看子午线上的1度(纬度)是否越往北,就越比赤道附近的1度长。因为如果地球是一个扁球(即两极处比较平,英国人这样认为,但法国人不这样认为),那就应该是这样。

这次使命的一部分,即在赤道附近的考察,是派遣一个小分队奔赴秘鲁去完成,由无畏的孔达米纳(Charles-Marie de la Condamine)率领。他很快发现赤道附近的纬度的确短些。1743年,在回家的路上,孔达米纳沿着亚马孙河乘筏顺流而下,沿途匆忙地记录着他看到的东西。他描述了很多,其中之一是三叶胶树,这种树的树液干了以后会变成神奇的材料,在18世纪的人看来简直是神秘和妙不可言的:这种材料能有很好的弹性。

到了1820年,英国四轮大马车制造者汉考克(Thomas Hancock)正忙着把所有他能拿得了的这种南美特产(不多)买到手。他用这种材料做成有弹性的腰带、吊袜带、鞋底、鞋跟、假牙,以及外科用的各种疝带、皮带、绷带等等。市场对橡胶很快就变得贪得无厌,尤其是当汉考克和他的合作伙伴马金托什把橡胶涂在两层棉布之间发明了雨衣时。他们写信给政府当局说:"我们应该在东方殖民地种植这种橡胶树。我们能挣大钱,不是吗?"基尤皇家植物园(这个单位的职能就是进行这种移植)聋了一样地保持沉默。

植物园的负责人威廉·胡克更关心另一种树,产地也是南美,人称金鸡纳树。从这种树的树皮可以提取出奎宁。因为远在他乡、生活在潮湿闷热气候里的英国皇家官员和军人们正在饱受疟疾的折磨,像苍蝇一样纷纷倒下。哼哼。奎宁能让所有人重新站起来,从而确保大英帝国的太阳继续永远不落。嘟嘟。1852年,英国政府收到了一份正式的请求,请求资助搜集金鸡纳树树种的远征活动,让基尤植物园把这些树种培养得足够强壮后再移植到印度去。唉,可惜,这些小树没有长得足够好,不能解决问题。

同时,科学也没有解决办法。一个叫柏琴的化学家,在1856年虚度了几个星期的光阴,试图用化学办法制造出奎宁。他最后得到的是一些黑色的垃圾,肯定不是奎宁。所以他把它们倒进下水槽,看看这些东西遇水会怎样。几乎在一夜之间,他变成了百万富翁,因为他发现自己偶然发明了世界上第一种人造苯胺染料。我敢肯定你知道,柏琴用的原料是脏兮兮的煤气灯生产厂家的副产品煤焦油,我在前面曾经说过煤焦油。到处都是成吨成吨的煤焦油,这要感谢瓦特的伙伴默多克,因为可以说是他从邓唐纳德第八代伯爵兼业余实验家阿奇博尔德·科克伦那儿偷来了造煤气灯的主意。阿奇博尔德·科克伦在制作用于涂在海军军舰舰体上、保护军舰免受讨厌的蛀船虫或其他东西的侵蚀的沥青时发现了煤气。海军拒绝了他的沥青(在两种意义上*),毁了他的前程。

具有讽刺意味的是,阿奇博尔德·科克伦的儿子托马斯(Thomas),第九代伯爵,最后当了英国海军上将。这之前,他的职业生涯历经多次变动,分别当过驻智利海军、驻巴西海军以及驻希腊海军的头儿。托马斯

---

* "拒绝了他的沥青",原文为 turned his pitch down,又可理解为"把他的音调降低"。——译者

还是"秘密战争计划"(Secret War Plan)的发明人,该计划一直保密到现在。托马斯·科克伦声称他的计划能够摧毁世界上的一切舰队或堡垒。1811年,英国政府的一个秘密委员会对这个秘密计划进行了调查研究,并拒绝了该计划,理由很无力:"这项计划确实可靠、无坚不摧,只是太野蛮。"于是,我们永远不可能知道这个计划到底是什么。

这个委员会中的胆小鬼之一是康格里夫(William Congreve),他自己的发明是康格里夫火箭,这使得他的名字在歌曲和故事中传唱。嗯,歌里。比如,在"火箭的红焰"(rocket's red glare)这句歌词*里,因为正是英国人在1814年向(美国的)麦克亨利要塞发射的几百枚康格里夫炸弹,激起了年轻的基写下了现在这首美国国歌。这首歌的曲子,很奇怪,是英国宫廷唱诗班风琴演奏者史密斯的作品。早在18世纪70年代的英格兰,史密斯用他的一曲非常成功的《花神已经催放了每朵花》(Flora Now Calleth Forth Each Flower)登上了流行音乐排行榜榜首。他也多少是第一个音乐学家。史密斯在宫廷唱诗班的老板是作曲家阿诺德(Samuel Arnold),他的窍门是把别人的东西东拼西凑,再加一点自己的东西,就变成自己的了,而且还做得特别妙。在不同的时期,阿诺德还当过科芬园剧院和竹瑞街剧院的音乐指导。

---

* 美国国歌中的一句歌词。——译者

这两个剧院还雇了当时的斯皮尔伯格(Spielberg)——加里克(David Garrick),他给舞台引进了第一个高技术特效并给演出带来了现实主义。加里克的一个贵族资助人是多萝西·萨维尔(Dorothy Savile)女士,画漫画的老手,她丈夫伯林顿勋爵(Lord Burlington)是艺术界呼风唤雨的人物。肯特(William Kent)就住在伯林顿家受保护(就是教多萝西女士画画的那个人)。有人认为肯特是一个三流画家、二流建筑师和一流园艺师。唔,也许吧。他的大手笔建筑作品是位于诺福克的霍尔克哈姆大礼堂,据说这是第一次有一个英国建筑师将房子、内部装饰和家具设计为一个和谐的整体。人们要么特别爱它要么特别恨它。

大礼堂的主人是科克(Thomas Coke),即莱斯特伯爵,他在1822年69岁的时候,作为一个鳏夫和3个孩子的爸爸而再婚,之后又生了6个孩子。你可能会说,这是一个生育能力极强的男人。他在农民中也很受欢迎,懂得养羊、养猪、养牛。科克还推行其他时髦的农业耕作方法,如轮作、种植芜菁(用于冬天喂养牲口)和三叶草(能使庄稼增产,因为它使土壤氮化,尽管当时他们不知道这点),帮助开展农业革命的所有方面。科克的许多最好的主意是从塔尔的书里看来的,这本1731年出版的书在英国疯狂畅销,20多年之后在法国畅销。

在法国,最热心的塔尔迷是杰出的思想家伏尔泰,他把塔尔改进农作物的原则应用在他在瑞士弗尼的退休生活中,这发生在伏尔泰的最伟大的情人(之一)埃米莉·夏特莱去世很多年之后。他们俩1733年相遇,发现他们都对牛顿感兴趣,这之后他俩共同度过了一段快乐浪漫的田园诗一般的时光。

埃米莉当时正在学代数,一段时间他们3个人(她、伏尔泰和她的代数老师)像 $x+y+z$ 那样一家子住在埃米莉在香槟省的庄园里。而后 z 出去旅行,两年之后(1737年)途经巴塞尔回来,他在巴塞尔收了一名年轻的学生,这个学生非常粗鄙,以至于埃米莉和伏尔泰跟他们两个人吵翻了。这时伏尔泰(正如法国其他所有人一样)发现z变得特别傲慢。不过考虑到z去了那个地方旅行,这就不足为奇了。

你还记得我说过法国人的两次航海探险活动吗？其中之一是由孔达米纳率领向南去了秘鲁做大地测量。另一次就是由z(他的名字叫莫佩尔蒂)进行的,他向北直到拉普兰(欧洲最北部)测量子午线上那一端的纬度。

48 有(一半)风景的房间

也许我前面已提到过我住在伦敦泰晤士河岸,能够看见由伟大的维多利亚时代工程师布鲁内尔建造的伟大的维多利亚时代铁路大桥。他有一半血统是法国人,并且我第一句话只对了一半,因为大桥的另一半被隔壁房子的一角遮挡住了。

如果你经常读我的文章,你会知道布鲁内尔还是当时已造的最大的蒸汽机船——"大东方号"的设计师,这艘船终于让菲尔德于1866年成功地完成了铺设大西洋海底电报电缆的最后工程。有趣的是,当"大东方号"在泰晤士河的一岸建造时,他们正在河的另一岸把电缆接起来,但他们从来没想过用"大东方号"进行海底铺设工程。

为了准备这个伟大的事件,菲尔德曾向莫尔斯请教,莫尔斯曾做过一件类似的事,只是规模小很多。在他1844年用他那著名的电报机演示令国会轰动之前的两年,他把信号通过一根绝缘的铜缆线传送到纽约港的另一边。也许因此他还把一小段电缆(大概还有一些提示)送给了他的邻居,这位邻居在同一年,想在曼哈顿南端水域引爆一枚置于大船底下的水雷,让水雷把这艘船炸上天。他想劝说美国海军购买这项技术。船的确被炸上了天,科耳特发大财的美梦也化为泡影了,因为他不愿意向海军透露他是怎么让水雷爆炸的。他的左轮手枪生意也不怎么好。之后发生了美国和墨西哥的战争,科耳特的手枪突然回到了杀人游戏

中。到1855年他成了世界上最大的私人军火商。

科耳特唯一的竞争对手是美国的雷明顿公司,这家公司最终解决了美国南北战争中联邦军队*的主要难题。这个难题是,等你站在那里把弹药装进滑膛枪枪管,往里面放一颗子弹,然后直起身子瞄准时,你已经被击中了。雷明顿公司的后膛装填式来复枪改变了这一切,成为历史上最成功的军用步枪。雷明顿公司向遍及欧洲和中东的热爱和平的国家销售了一百多万支这种步枪。美国国内战争结束之后,由于雷明顿公司的努力,一时间"笔"**变得比剑还要强大,因为雷明顿公司把他们一些闲置的机床生产线改用于生产一种优雅的玩意儿,这玩意儿是米尔沃基的一个发明者发明出来的。此人读了1867年7月号《科学美国人》(Scientific American)里面一篇关于英国人试图做的同一件事的描述后,发明了打字机。这个英国人名叫斯科尔斯(Christopher Scholes),他的发明最终变成雷明顿打字机,它把妇女从厨房的琐事中解放出来,投入到办公室的琐事之中。

用其上位键打字机帮助了斯科尔斯的家伙是一个颇具创新能力的法律界人士,名叫卡洛斯·格利登(Carlos Glidden)。格利登的家族一定有摆弄东西的传统,因为1874年他的一个非常远的亲戚约瑟夫(Joseph),住在伊利诺伊州的迪卡尔布,为自己发明的另一套装置——带刺铁丝网——申请了专利,后来这套装置在军队里和农民中变得几乎与

---

* 即北方军队。——译者

**指后面说的打字机。——译者

雷明顿（步枪，不是打字机）一样受欢迎。3年之后，格利登把他在铁丝网公司的股份卖给了马萨诸塞州武斯特（Worcester）的沃什伯恩制造公司。他们已经在生产格利登的原材料，因为在1868年，他们开办了一个新的铁丝制造厂，使用一个名叫贝德森（George Bedson）的英国人开发的技术。这项技术把20吨的熟铁在10小时内变成非常非常长、1/4英寸粗的铁丝。早些时候，贝德森还发明了一个连续生产工艺，把铁丝浸入熔融的锌里镀锌，从而使其抗风雨侵蚀。这种铁丝康奈尔（Ezra Cornell）用起来非常合适，他用它把他的电报电线铺遍全美国，从而发了大财，足以创办一所大学*。

然而，再说沃什伯恩制造公司。大约在1842年，他们拒绝了一个住在宾夕法尼亚州的年轻德国工程师的提议：在制造金属丝的现场立即把金属丝捻搓成一股一股的做成金属缆绳。这个主意是他在一个叫做"陆上运输铁路"（portage railway）的神奇系统工作时产生的。在真正的铁路取代这种系统之前，运河经常会遇上高山挡路，运河修建者（这个年轻的德国人就是其中之一）唯一能做的是把运河驳船固定在一个平板车上，然后沿着铁轨将它们拖着向上翻越高山，到山的另一边运河重新开始的地方。拖平板车用的是大麻做的粗绳，这种绳经常断。于是才有这位年轻德国人提出的金属缆绳。也许沃什伯恩制造公司认为没有那么多运河—高山接口，所以做金属绳的理由不那么充分。但当1855年3月第一列火车（载着威尔士亲王，大肆张扬）驶过尼亚加拉悬索桥时，他们一定在深深自责，因为大桥使用的正是他们曾经拒绝生产的金属缆绳。

1883年5月的那一天，整个纽约都停工了，这是因为所谓的"人民日"以及另一座又用勒贝林（John Roebling）**的金属缆绳悬吊起来的大桥开通，这座大桥被称为世界几大奇迹之一，它把曼哈顿与布鲁克林连了起

---

* 即康奈尔大学。——译者

** 就是刚才提到的年轻德国人。——译者

来，从而最终把美国团结了起来。你可以想见这时沃什伯恩制造公司是怎样的感觉。

勒贝林早年在柏林居住时，他的朋友，伟大的哲学家黑格尔（G. W. F. Hegel）看来曾劝他移民到美国。如果你学不懂辩证唯物主义，就得怪这个家伙。黑格尔说，任何事物内部都有矛盾，矛盾冲突是变化的驱动力，当矛盾解决时，变化就发生了。懂了吗？当1844年，一位24岁的驻巴黎的德国记者把黑格尔的这些思想写进《1844年经济学哲学手稿》（Economic and Philosophic Manuscripts），这些沉思就改变了历史进程。这部书是用阶级斗争的观点讲解黑格尔的矛盾冲突，以及不可避免地最终以无产阶级的胜利得到解决。因为这种思想在19世纪中期只有在英国才是唯一安全的地方，因此这部书的作者卡尔·马克思（Karl Marx）急忙逃到伦敦。

1884年在伦敦，马克思的女儿埃莉诺（Eleanor）已是社会民主联盟的执行委员之一。那一年，这个社会民主联盟充斥着无政府主义者，埃莉诺和另外9个委员会成员突然秘密离开，成员当中包括一个墙纸制造者和质朴家具设计者威廉·莫里斯。后来莫里斯创办了自己的、更民主的社会主义者同盟。这个同盟主办的艺术晚会，每次都在莫里斯的伦敦家中举行，莫里斯朗读诗歌，萧伯纳咚咚地敲击象牙制品，到会成员们在出生于英国的长号手冯·霍尔斯特（Gustav von Holst）的指挥下一齐歌唱颂扬社会主义的圣歌。

第一次世界大战期间，冯·霍尔斯特在负责为驻扎在萨洛尼卡和君士坦丁堡的英军作曲时，把他的名字中间的"冯"去掉。战后首演了也许是他最有名的《行星组曲》（Planets），令他的名望和财富再度大增。

我有时一边听着《行星组曲》，一边望着窗外布鲁内尔大桥的半边风景，大桥另一半被我开篇时提到的房子的一角遮挡住，那房子就是霍尔斯特住过的。

49 各种各样的单恋

最近在离拉斯佩齐亚不远的美丽的意大利海滨小城莱里奇,我眺望着雪莱饭店窗外的海湾——这个海湾正是使此地得名的诗人珀西·雪莱1822年自船上落水溺死的地方——我想起了他那受到不公正对待的妻子。

出事的第二年,脸色苍白并引起人们关注的玛丽·雪莱,过境巴黎要回伦敦。她非常高兴地看到,她受到汉弗里·戴维爵士的化学讲座的启发而写的东西改编成了戏剧,尽管戴维可能并不一定打算这样。这出戏剧就是《弗兰肯斯坦》,法国人对这部戏的反应是"狂热"。玛丽本人对当地浪漫主义小说家、经常单恋的情种、巴黎文化秃鹰梅里美[只要翻上几页他写的《查理九世时期编年史》(*A Chronicle of the Time of Charles IX*),你的失眠症就能治愈]大概也有同样的作用。我前面谈到过梅里美,因为只要谈论19世纪的法国,你就一定会碰上他,因为他把认识所有人视为己任。

其中一个是他的校友让-雅克·安培(Jean-Jacques Ampère),斯堪的纳维亚神话迷、语言学家,并且是电学专家安德烈-马里·安培(André-Marie Ampère)的儿子。有一个我不十分明白的电学方面的内容也用老安培的名字命名。可怜的老安培生活很倒霉:父亲上了断头台,第一个妻子早死,第二个妻子逃走,还有一个挑唆了这一切的岳母。于是安培埋头于工作,最终以他的电动力学震惊了欧洲知识界。当他还是个爱读书的小神童时,里昂的某个图书管理员告诉他,他那时想学的数学书都是用拉丁文写的,于是他回家就学拉丁文。你看安培就是这样的人。

提醒你一下,阅读丹尼尔·伯努利(Daniel Bernoulli)的数学书,无论是用什么文字写的,一定是够吓人的。伯努利家族3代出了8个数学家,一个比一个高深莫测,丹尼尔是其中之一。他解决了重量级问题,例如,解释了为什么飞机机翼能让你浮在空中[即伯努利原理:由于机翼面是弯曲的,机翼上表面(较长)的空气流得比下表面(较短)的快,因此机翼上面的空气压力较小,于是你就能在空中飞起来]。丹尼尔还涉足侧泄流体(laterally discharged fluids)、沿斜面滚下的球、风琴管发声的数学原理以及充满沙子的沙漏的最优形状(18世纪高技术的一次迷人的显现)等,他在巴塞尔的实验物理课程学生非常多,都挤到了走廊上。

在拥挤的学生中,有一张面孔是德巴尔(Joseph Frederick Wallet Desbarres)的,他后来搬到英国。1756年他被任命为英国皇家军队美洲军团的中尉,任务是招募美洲殖民地居民(在加拿大偏僻的森林地带与法国人打仗时,这些人比红衣兵表现好),以及雇用能做勘测工作的人。德巴尔把这项工作交给了霍兰特(Samuel Hollandt),前荷兰军事工程师和出色的三角测量员。德巴尔和霍兰特(及几个助手)一起开始就地做测量工作,为英国人进攻魁北克做准备,结果画出了伟大的大西洋海图。这些海图为英国海军提供了未来可能爆发革命的整个美国东部沿岸的每一条小河每一个小湾的三角测量实情。可惜,当最后一个三角被标上,也就是说整个伟大工程即将出版时,时间已经到了1777年。事情做得太多了,时间太晚了。

回到1759年,德巴尔和霍兰特把大部分他们知道的关于大地测量方面的知识(及其姊妹技术——航海)教给了一位年轻的海军无名小卒,他回到家乡后逐渐变成有名的大人物,最后在1768年,他指挥英国皇家海军舰艇"奋进号"赴塔希提岛探险,观察金星凌日现象。之后,在总共三次的太平洋探险期间,他(库克船长)绘制了大量的新西兰海图,发现了新喀里多尼亚、南桑威奇群岛以及南乔治亚,花了好几个月的时间在大洋中部上下颠簸。他在航海间歇回到英国,成为名气很大的探险家,足以让纳塔涅尔·丹斯-霍兰爵士(Sir Nathaniel Dance-Holland)给他画肖像了。纳塔涅尔·丹斯-霍兰爵士的主要成名(并不那么有名)原因是他的兄弟乔治(George),一位新古典主义建筑师兄弟会的低级会员。这两兄弟于18世纪50年代义不容辞地去意大利旅行,为的是目睹最近新出土的、令人难以想象的庞贝古城、赫库兰尼姆古城等景观。

当地另一个值得目睹的景观是漂亮的瑞士女画家考夫曼,纳塔涅尔得不到回应地迷恋上她(又一个单恋者!)。当时在罗马,长久工作在国外、放荡淫乱的人们(考夫曼女士就是其中之一)拜倒在一个同性恋者、普鲁士艺术专家温克尔曼(他开创了艺术史研究)的脚下,聆听他的圣言(纳塔涅尔和乔治也去听了),以知道该看什么,该说什么。温克尔曼写有大部头著作,分析古希腊艺术和建筑。他第一个认为只有理解一个时代才能理解这个时代的艺术。我想他的这个观点现在被称为历史相对主义(historical relativism)。这东西很好,除了它为现在电视和广播的文化节目中那内容空洞的沙龙聊天者制定了基本规则。不管怎样,温克尔曼的众多崇拜者中有另一位瑞士人富泽利(Henry Fuseli),一位拙劣的画匠,死于伦敦,他曾经编辑了一部由瑞士传教士拉瓦特尔(Johann Lavater)写的书。这部颇有影响的书名叫《相面术》(Physiognomy),论述如何根据人的面部特征读出他的心理特征,集中体现了最新的伪科学特征。富泽利自己的面相一定非常好,因为他碰到的每位女性都倾心于他。但是他似乎曾追求的唯一一次(当然他的婚姻除外)有意义的恋情,尽管(等一下)是单恋的关系,是和一位名叫玛丽·沃斯通克拉夫特(Mary Wollstonecraft)的女人。

这个女人也许是最早的真正的女性主义者之一，1792年她写过一篇有力的妇女解放的文章《女权辩》(A Vindication of the Rights of Women)。1796年她和当时最重要的自由主义思想家之一戈德温先恋爱，后怀孕，最后结婚（顺序如此）。1793年，戈德温的《政治正义》(Political Justice)一书出版，

使他一夜之间成为各类自由主义思想家中的名流。在这本小册子里，戈德温的主张听起来像共产主义的雏形，并且非常强调教育的影响而不是天性的影响，指出教育是塑造人性格的关键因素。这种观点在开明的实业家，如罗伯特·欧文那里大受欢迎。罗伯特·欧文是苏格兰第一个为他工厂工人的子弟提供学校教育（从而把他们塑造成好的工厂工人）的工厂主。

戈德温是激进者中的激进者，他甚至说**妇女**是有理性的，这种说法如此地与众不同，使他赢得了玛丽的欢心。唉（在这个不幸故事的最后时刻），必须补充一点，戈德温的激情也是相当单向的，因为玛丽·沃斯通克拉夫特·戈德温生下他们的女儿后不久死于发烧，留下的孩子（也叫玛丽）在没有母亲的照顾保护下长大。也许正因为这样，这个孩子长大后和一个没用的诗人私奔。

虽然这个诗人写得一手好诗，但航海时却不能保住自己的命。

50 臭氧层

几个月前,我正在海滩上(当然涂着防晒油,戴着帽子)呼吸着浓郁的海风,想着舍恩拜因(Christian Schönbein),这个首先发现臭氧(过去人们这样称呼这种有臭味的气体)的人,1839年他在摆弄电和水的时候发现了臭氧。

7年后,他又有一个更大的发现震惊了世人。他把棉絮浸泡在冒烟的硝酸和硫酸混合液中,然后挤压、洗涤并晾干。让你印象深刻的是当你点燃它时,这东西"砰"的一声发生爆炸,比火药还强烈。舍恩拜因把它称为"火棉",尽管所有军事机构立即表示有兴趣拨款支持,一年后,它还是从市场上消失了,消失时间长达十多年,因为第一次尝试大规模生产时,这种"火棉"爆炸了,把整个工厂彻底吞没(并毁掉了一英里外的英国法弗舍姆镇的一大片区域)。

1867年,舍恩拜因那致命而松软的火棉注定要杀回来,这是由于"大象灭绝大恐慌"。当时《纽约时报》预言,如果捕猎者继续以现在的速度猎捕大象,大象几乎肯定会灭绝。喜欢打桌球(billiards)的人的前景特别不妙,因为最好的桌球出自最好的象牙中段,为此需要大量的死象。哼!为此弗伦—科兰德公司出价1万美元寻找象牙替代品,这激发了纽约州奥尔巴尼市一位年轻的印刷工海厄特(John Hyatt)的想象。1870年海厄特把火药棉和酒精、樟脑混合在一起,把混合物塑造成型,做成了落袋台球[pool,唔,你不能说是"做成了桌球"(billiards)]。他搞出的这种神奇材料后来做出了假牙、硬领和硬袖口、花瓶、梳子、钢笔、多米诺骨牌等大约上千种东西。我敢肯定你已经猜到,这种材料一定也能在照相机中发挥作用。1889年一位名叫伊斯门(Eastman)的前银行家取得了一项用"赛璐珞"(海厄特的兄弟给这种假象牙起的名字)做胶卷的专利。

这里的情节很复杂。回到1878年,一位自称迈布里奇[Eadweard Muybridge,真名:马格里奇(Ed. Muggeridge)]的英国摄影怪人对一匹奔跑当中的马拍下了一系列定格的照片,为的是帮助加利福尼亚州州长斯坦福(Leland Stanford)赢得一场关于马在奔跑时是不是四脚同时离地的赌博(州长说"不是",他输了)。这些首次出现的动作照片着实令巴黎的一位生理学教授马雷(Etienne-Jules Marey)很兴奋,他对所有运动物体的运动方式感兴趣。1887年他制出了枪式连续照相机,用快门让一卷纸基感光胶卷曝光,每秒钟曝光12帧。两年后马雷把他的这个玩意儿展示给爱迪生看,爱迪生立即买了伊斯门的一些新型赛璐珞,并于1891年"发明"了电影摄影机。也可能(很有可能)是他的一个默默无闻的幕后工作人员发明出来的。(这符合爱迪生实验室里那有教益的座右铭:"那里有一个更好的办法,去把它找出来。")

另一位爱迪生式的聪明人,看来也是偶然地遇到了一种神奇的高真空泵。这种真空泵是几年前由一位德国化学家赫尔曼·施普伦格尔(Hermann Sprengel)开发的。消息也传到了一位英国发明家斯旺(Joseph Swan)那里,他同爱迪生一样,正在寻找某种启迪:一种白炽灯泡,如果灯泡内的真空程度足够高,那么灯泡的炭灯丝就不会烧毁。多亏了大好人赫尔曼,这一点现在可以做到了。在我们卷进"是爱迪生还是斯旺先发明白炽灯"的争论之前,我想先指出另外一个在辛辛那提的家伙,早在1845年他就提出了白炽发光的办法。不管怎样,1880年斯旺在威廉·阿姆斯特朗爵士(Sir William Armstrong)的住所安装了他的第一批灯泡。威廉·阿姆斯特朗爵士是当地的政治活动家、法律之鹰、水力工程师、野战炮设计者、造船师,以及一般制造业的大人物。他的住所是一幢不惜工本地极尽奢华的建筑,名叫"克雷格赛德"(Craigside),由阿姆斯特朗亲自设计,坐落在分区制法律实行之前工业巨头们经常活动的风景区中央。这个地方唯一缺少的(与地球上除了斯旺和爱迪生的实验室以外的所有其他地方一样)就是电灯。

回到1846年,阿姆斯特朗在惠斯通(Charles Wheatstone)的帮助下入选皇家学会。这里我们又碰上了谁是第一的问题。惠斯通和一个叫库克(Cooke)的人一起,于1839年发明了电报,远比莫尔斯早(另外还有十几个人也是以这样或那样的形式早于莫尔斯)。惠斯通的装置的工作原理是让进来的信号使两根磁针偏转,指向相应的字母。正像所有维多利亚女王时代的著名人物一样,除了电磁学以外,惠斯通还做了许多其他事情。他发明了编码机,发明了根据太阳光的偏振确定太阳位置的方法,发明了变阻器。但是让他真正入迷的是声学。这不奇怪,惠斯通出身于乐器制造世家。1829年他发明了六角形手风琴。

毫无疑问,历史上最伟大的六角形手风琴演奏家之一(据他家里人说)是贝尔福勋爵(Lord Balfour),他于1902年出任英国首相,后来任外交大臣。他给罗特希尔德勋爵写的一封信后来称为《贝尔福宣言》(Balfour Declaration),这个宣言对建立最终称为以色列的国家的计划给予官方的支持。1921年贝尔福成为心灵研究学会会长,加入了科学界权威人士——如物理学教授洛奇——研究灵学的行列。

在进行这些与死者交流的尝试之前，洛奇对改进无线电报技术的多样性作了很大贡献，他开发了[又来了：法国人布朗利（Edouard Branley）也开发了]"金属粉末检波器"。这个装置利用金属粉末探测无线电波，因为即使是非常微弱的电磁波信号通过金属粉末，粉末也会聚集起来。1901年马可尼在纽芬兰利用这个金属粉末检波器接收到了第一个（非常微弱的）跨大西洋的电报。

一年之后，惠斯通的外甥亥维赛（Oliver Heaviside）从理论上解释了电报信号是如何绕着地球的凸起表面传播的问题。与此同时，美国电气工程师肯内利（Arthur Kennelly）也解释了这个问题（这种事无法控制！！）。他们俩都推测大气中存在一个平流层，能够反射无线电信号。1912年，马可尼的一名前助手、曾经参与最早的跨大西洋电报传送准备工作的物理学家埃克尔斯（William Eccles）提出了一个理论，证明一层电离空气会反射无线电信号。1925年阿普顿（Appleton）发现，太阳射来的X射线和紫外线作用在大气上，产生了电离层，从而证明埃克尔斯是对的。

然而仅仅在埃克尔斯提出他的理论一年后，1913年，法国人法布里（Charles Fabry）已经发现了另外一层空气，兼有平流层和电离层的特点，而且也是由射入的紫外线引起的。这层气体实际上保护了地球上的生命免受紫外辐射的致命伤害。现在这层气体的保护作用比法布里那时候弱了一点，因为这层气体上有了一个洞，因此我在海滩上需要带上全套防护装备。

因为法布里在天上发现的那层气体，就是舍恩拜因在地上发现的气体。

参考文献

Allen, N. David Dale, *Robert Owen and the Story of New Lanark*. Edinburgh: Mowbray House Press, 1986.

Alvarez, M. F. *Charles V.* London: 1975.

Barchilon, Jacques, and Flinders, Peter. *Charles Perrault*. Boston: Twayne Publishers, 1981.

Batty, Peter. *The House of Krupp.* London: Secker & Warburg, 1966.

Beard, G. *The Work of Robert Adam.* London: Bartholemew, 1978.

Beatty, Charles. *Ferdinand de Lesseps, a Biographical Study*. London: Eyre and Spottiswoode, 1956.

Besterman, Theodore. *Voltaire.* Oxford: Basil Blackwell, 1976.

Blunt, Wilfrid. *The Ark in the Park.* London: Hamish Hamilton, 1976.

Bortoloan, Liana. *The Life and Times of Titian.* London: Hamlyn Publishing Group, 1968.

Bourde, André J. *The Influence of England on the French Agronomes, 1750—1789.* Cambridge: CUP, 1953.

Bowle, John. *John Evelyn and His World.* London: Routledge & Kegan Paul, 1981.

Bradley, Ian. *William Morris and His World.* London: Thames & Hudson, 1978.

Brockett, Oscar G. *History of the Theatre.* London: Allyn & Bacon, 1995.

Brooks, Jerome E. *The Mighty Lea f: Tobacco Through the Centuries.* London: Alvin Redman Ltd., 1953.

Brown, Pamela. *Henri Dunant.* Dublin: Wolfhound Press, 1991.

Brunschwig, H. *Romanticism and Enlightenment.* Chicago: University of Chicago Press, 1974.

Burke, James. *Connections.* New York & Boston: Little Brown, 1996.

Burke, Peter. *Montaigne.* Oxford: OUP, 1994.

Cameron, A. D. *The American Civil War.* Oliver and Boyd, 1985.

Cassirer, Ernst. *Kant's Life and Thought.*

New Haven: Yale University Press, 1981.

Chancellor, John. *Audubon: A Biography*. London: Weidenfeld & Nicolson, 1978.

Chandler, D. G. *The Campaigns of Napoleon*. London: Weidenfeld & Nicholson, 1967.

Cole, Charles. *Colbert and a Century of French Mercantilism*. Hamden, Conn.: Shoe String Press, 1964.

Corbin, Diana. *A Life of Matthew Fontaine Maury*. London: 1888.

Davies, Ron. *John Wilkinson*. London: The Dulston Press, 1987.

De Sola Pool, Ithiel, ed. *The Social Impact of the Telephone*. Cambridge, Mass., & London: M.I.T. Press, 1977.

Douglas, Hugh. *Flora MacDonald: The Most Royal Rebel*. Stroud: Alan Sutton, 1993.

Driesch, Hans. *The History and Theory of Vitalism*. London: Macmillan & Co. Ltd., 1914.

Dunkel, H. B. *Herbart and Herbartianism: An Educational Ghost Story*. Chicago: University of Chicago Press, 1970.

Edwards, Owen Dudley. *The Quest for Sherlock Holmes*. London: Penguin Books, 1984.

Erickson, Carolly. *Bonnie Prince Charlie: A Biography*. London: Robson Books, 1989.

Fisher, Richard B. *Edward Jenner, 1749—1823*. London: André Deutsch, 1991.

Fitton, R. S. *The Arkwrights*. Manchester: Manchester University Press, 1994.

Fraser, Flora. *Beloved Emma, The Life of Lady Emma Hamilton*. London: Weidenfeld & Nicholson, 1986.

Gäbler, Ulrich. *Zwingli: His Life and Work*. Trans. Ruth C. L. Gritsch. Edinburgh: T. & T. Clark Ltd., 1986.

Gannon, Jack R. *Deaf Heritage in America*. Silver Spring, Md.: National Association of the Deaf, 1982.

Gernsheim, Helmut, and Gernsheim, Alison. *L. J. M. Daguerre. The History of the Diorama and the Daguerreotype*. London: Secker & Warburg, 1956.

Goldring, Douglas. *Regency Portrait Painter: The Life of Sir Thomas Lawrence, P.R.A*. London: Macdonald, 1951.

Hall - Jones, Roger. *Jenny Lind*. Malvern: First Paige, 1992.

Halsband, Robert. *The Life of Lady Mary Wortley Montagu*. New York: OUP, 1960.

Hartcup, Adeline. *Angelica*. London: William Heinemann Ltd., 1954.

Hazlehurst, F. Hamilton. *Gardens of Illusion: The Genius of André Le Nostre*.

Herold, J. Christopher. *Bonaparte in Egypt*. London: Hamish Hamilton, 1962.

Hey, Colin G. *Rowland Hill, Victorian Genius and Benefactor*. London: Quiller Press, 1989.

Holmes T. W. *The Semaphore*. Ilfracombe, Devon: Arthur H. Stockwell Ltd., 1983.

Homer, W. I. *Seurat and the Science of Painting*. Cambridge, Mass.: MIT Press, 1964.

Honour, Hugh. *Neo - Classicism*. London:

Penguin Books, 1991.

Hunter, James M. *Perspective on Ratzel's Political Geography*. Lanham: Univeristy Press of America, 1983.

Hutchison, Harold F. *Sir Christopher Wren: A Biography*. London: Victor Gollancz Ltd., 1976.

Hyman, Anthony. *Charles Babbage: Pioneer of the Computer*. Princeton, N.J.: Princeton University Press, 1992.

John, William D. *Pontypool and UK Japanned Wares*. Newport, Monmouthshire: The Ceramic Book Co., 1953.

Kardross, John. T*he Origins and Early History of Opera*. Sydney: University of Sydney Press, 1957.

Kerby-Miller, Charles, ed. *Memoirs of the Extraordinary Life, Works and Discoveries of Martin Scriblerus*. New Haven: Yale University Press, 1950.

Knight, Frank. *Captain Anson and the Treasure of Spain*. London: Macmillan & Co. Ltd., 1959.

Knowles Middleton, W. E. *A History of the Thermometer*. Baltimore: Johns Hopkins University Press, 1966.

Lavine, Sigmund A. *Allan Pinkerton: America's First Private Eye*. London: Mayflower Papaerback, 1970.

Lawson, Joan. *A History of Ballet and Its Makers*. London: Sir Isaac Pitman & Sons Ltd, 1964.

Leinwoll, S. *From Spark to Satellite: A History of Radio Communication*. New York: Scribner's, 1979.

Longford, Elizabeth. *Byron*. London: Hutchinson, 1976.

MacMullen, R. *Constantine*. London: Croom Helm, 1987.

Marriott, Ernest G. *Izaak Walton: A Short Study*. Nottingham: Nottingham Fly Fishers' Club, 1986.

Marshall, P. H. *William Godwin*. New Haven & London: Yale University Press, 1984.

McCormack, John. *One Million Mercenaries: Swiss Soldiers in the Armies of the World*. London: Lee Cooper, 1993.

McGlathery, J., ed. *The Brothers Grimm and Folktale*. Champaign: University of Illinois Press, 1988.

Mellor, Anne K. *Mary Shelley*. London: Routledge, 1988.

Miller, Edward. *Prince of Librarians: The Life and Times of Antonio Panizzi of the British Museum*. London: The British Library, 1988.

Moore, Doris Langley. *Ada, Countess of Lovelace*. London: John Murray, 1977.

Morton, S. G. *A Memoir of William Mac Clure*. Philadelphia: Academy of Natural Science, 1844.

Newton, H. W. *The Face of the Sun*. London: Pelican, 1958.

Norwich, John Julius. *The Normans in Sicily*. London: Penguin Books, 1992.

Ollard, Richard. *Pepys*. London: Sinclar Stevenson, 1991.

Phillips-Matz, Mary Jane. *Verdi*. Oxford: Oxford University Press, 1993.

Pierson, Peter. *Philip II of Spain.* London: Thames & Hudson, 1975.

Polnitz, G. von. *Anton Fugger.* Tubingen: 1958-1986.

Roberts, Michael. *Gusta vus Ad olphus and the Rise of Sweden.* London: English Universities Press, Ltd., 1973.

Rolt, L. T. C. *The Aeronauts. A History of Ballooning.* Gloucestershire:Alan Sutton, 1985.

Rolt, L. T. C. *Thomas Telford.* Harmondsworth, Middlesex: Penguin Books Ltd., 1979.

Schuyler, Hamilton. *The Roeblings.* Princeton, N. J.: Princeton University Press, 1931.

Singer, Peter. *Marx.* Oxford: OUP, 1980.

Smith, Maxwell A. *Prosper Mérimée.* New York: Twayne Publishers, Inc., 1972.

Snyder, L. L. *The Roots of German Nationalism.* Bloomington: University of Indiana Press, 1978.

Stevenson, Edward Luther. *Willem Janzoon Blaeu.* 1914.

Stuyvenberg, J. H. van, ed. *Margarine: An Economic, Social and Scientific History.* Liverpool: Liverpool University Press, 1969.

Taylor, A. J. P. *Bismarck, The Man and the Statesman.* London: Hamish Hamilton, 1955.

Taylor, Anne. *Laurence Oliphant, 1829-1888.* Oxford: OUP, 1982.

Trachtenberg, Marvin. *The Statue of Liberty.* London: Allen Lane, 1976.

Uerberhorst, Horst. *Friedrich Ludwig Jahn and His Time, 1778-1852.* Munich: Heinz Moos Verlag, 1982.

Van der Vat, Dan. *Stealth at Sea: The History of the Submarine.* London: Weidenfield & Nicolson, 1994.

Vaughan, Adrian. *Isambard Kingdom Brunel.* London: John Murray, 1991.

Viale, Mercedes. *Tapestries from the Renaissance to the 19th Century.* Milan: 1988.

Vogel, Dan. *Emma Lazarus.* Boston: Twayne Publishers, 1980.

Wason, K. *Delftware.* London: Thames and Hudson, 1980.

Watts, Michael R. *The Dissenters.* Oxford: Clarendon Press, 1978.

Wilton-Ely, J. *The Mind and Art of G. B. Piranesi.* London: Thames & Hudson, 1988.

Winegarten, Renée. *Madame de Stael.* Leamington Spa: Berg Publishers Ltd., 1985.

Wormald, Jenny. *Mary Queen of Scots: A Study in Failure.* George Philip: London, 1988.

Yovel, Y. *Spinoza and Other Heretics.* Princeton, N. J.: Princeton University Press, 1989.

Simplified Chinese Translation copyright © 2020
By Shanghai Scientific & Technological Education Publishing House Co., Ltd.

Circles: Fifty Round Trips through History, Technology, Science, Culture

Original English Language edition copyright © 2009 by James Burke
All Rights Reserved.
Published by arrangement with the original publisher, Simon & Schuster, Inc.